JN097400

原発と日本列島

原発拡大政策は
間違っている!

土井和巳

五月書房

原発と日本列島

原発拡大政策は間違っている！

土井和己 著

GOGATSU

はじめに

1936（昭和11）年にドイツの研究室でO.ハーンとL.マイトナーが核分裂現象を発見し、アメリカの国を挙げての開発によって原子爆弾（原爆）が完成し、1945年の広島と長崎の悲劇に至った。それからほぼ半世紀の間、社会主義国と資本主義国の東西冷戦が続き、両者の間では原爆の開発競争が加速した。この競争によって早い時期に核融合による水素爆弾の開発にまで発展している。日本は1945年の敗戦から1952年のサンフランシスコ平和条約締結まで、原子力の研究も開発も、連合国によって禁じられていた。一方、先進各国の間で各種の原子力発電システムの開発競争があり、1952年に原子力開発のタブーが解けた我が国へは、原子力発電先進国からの猛烈な売り込み競争が行われた。この結果として我が国の原子力発電システムには、原子炉の冷却水に通常の水である「軽水」を用いる「軽水炉」と分類されている「沸騰水型原子炉」（略称：ＢＷＲ）と「加圧水型原子炉」（略称：ＰＷＲ）が選ばれている。

原子炉とその周辺の施設からなる原子力発電所（原発）は、複雑で繊細な機構とともに、付帯する各種の施設によって大きな建物になっている。原子力発電には、熱源となる核分裂を安全に管理するための原子炉を中心とする施設に加えて、核分裂に伴って発生する大量で多種の放射性物質を所定の施設内に閉じ込めておくための装置とその付帯施設が設けられている。これらの施設を安全に稼動させるためには、地殻変動が少なく、安定した、地震などの自然現象による天災の可能性が低い建設立地を必要とする。したがって地震国である日本列島の原発には多くの問題が指摘されている。さらに、原発で用いられた使用済み核燃料を主体とする高レベル放射性廃棄物の処分は、すべての原発の重い課題となっている。地震国日本にとっては一段と深刻な課題である。

すべての放射性物質は発生当初はもっとも強い放射線を出すが、時の経過と共に放物線状に減衰して最終的には人に障害を与えない程度になる。しかし原発で核分裂に用いられた使用済み核燃料などの高レベル放射性廃棄物には減衰に要する期間が極めて長い物質が含まれている。高レベル放射性廃棄物を誰が、どこで、どのように管理し、最終的に処分するのかなどの課題はわが国では無視され、先送りされた。原発を導入した1950年代、戦後の復興と高度経済成長で深刻なエネルギー不足が迫りつつあった日本では、無尽蔵ともいえるほどのエネルギー生産が得られると称された原発は希望を持って迎えられたが、国の内外では地震の多発する日本での原発の導入と操業を危ぶむ人も少なくなかった。

日本に原発が導入されて半世紀あまり、2011年に起こった東京電力福島第一原子力発電所の大事故は、この危惧が単なる危惧でなかったことを示している。2011年の事故では、施設外への漏れ出しを厳密に封じ込めることにしていた、原発で発生する放射性物質のすべてを飛散させてしまい放射性物質の環境汚染を起こしてしまった。これらを始めとする各種の、そして広範囲で長期にわたる大きな被害が生じている。安全神話は崩れ、事故直後の我が国では原発利用の停止や規制を図る機運が高まった。

地盤の隆起や沈降などさまざまな現象をもたらす地殻変動は、いずれのすべての現象において地震を伴っている。したがって地震発生の頻度は地殻変動の指標ともいえる。日本列島は地球上のごく一部で認められている、地殻変動の頻度が高い特異な地域である。このことが「安定した立地」に建設されるべき原発に見合う土地が日本列島にあるのか、さらには高レベル放射性廃棄物処分の適地が日本列島にあるのか、という重い疑問を投げかけてきた。

私は2014年に『日本列島では原発も「地層処分」も不可能という地質学的根拠』(合同出版) と題した小冊子を出版し、大地震の頻度が高い日本列島の特性を無視して行われている原子力発電の間違い、さらに高レベル放射性廃棄物の処分も不可能であることを指摘した。しかし近年、高レベル放射性廃棄物処分について関係者たちの間では、安易に高レベル放射性廃棄物の処分が可能であるかの説明が公言されており、まるで諺の「後は野となれ山となれ」の態度で処理を進めようとしている。しかし日本列島の自然として過去に記録されている地震の頻度をみれば、日本列島での高レベル放射性廃棄物の地層処分は不可能である。原発の稼働そのものが高レベル放射性廃棄物の生産そのものであり、原発の増設も継続も高レベル放射性廃棄物の増大を図るものと言える。

2022年に始まったロシアのウクライナ侵攻に関連して、発電などのエネルギー資源の供給不安が叫ばれている。そんななか、我が国の現政権と電力業界は、既設原発の寿命延長から新設までを含む原子力発電の継続と拡大を前提とするエネルギー供給計画を企んでいる。この計画案は2022年8月24日のGX（グリーン・トランスフォーメーション実行会議、国及び経済諸団体が出席）実行会議などで披露され、首相が具体化の指示をしたと複数の新聞報道が伝えている。1950年代後半、当時の世界の流行を追った自民党と電力業界が原子力発電の導入を強力に行ってきた結果、2011年の東京電力福島第一原発の大事故が発生した。これに懲りずに原子力発電推進の愚行を繰り返そうとしている。加えて地殻変動が多い日本列島の自然を無視して行われてきた原子力発電で必然的に発生する放射性廃棄物、中でも長期にわたって強い放射能を持つ使用済み核燃料＝高レベル放射性廃棄物の処分は、国内では全く不可能である。日本列島でさらに原子力発電を推し進めようとするこの政策は、「後は野となれ山となれ」を文字通り行うことに他ならない。

本書は原子力発電の後始末について、原子力開発に関わったOBの一人として「後は野となれ山となれ」ではいけないという思いから、再度、具体案を提示しようとの思いで筆をとったものである。「立つ鳥跡を濁さず」には程遠いが、今後の議論への叩き台にしてもらいたい。

土井和巳

目次◉原発と日本列島　原発拡大政策は間違っている！

はじめに……2

1章　日本列島の自然、その地質と地殻変動の記録……11

1）日本列島の地質概要……12
日本で原子力発電を行う、その立地の自然条件を知る……12
図1　日本列島の地質の大要「東北日本」「西南日本外帯」「西南日本内帯」……13
図2　陰影起伏図（hillshademap）で見る日本列島……14
図3　フォッサマグナと中央構造線……15
二大断層帯と複雑な地形……16
表1　地質年代表……17
図4　日本列島地表の岩石……18
表2　世界と日本の年間降水量……19

2）日本列島の地殻変動と地震の特徴……20
地殻変動と地震……20
地震の原因……20
日本列島の地震の記録……22
表3　日本列島周辺で起こった被害を伴う大地震の記録と頻度……24
今後の大地震とその頻度の推測……25
図5　西暦2000年前後の140年間に日本列島周辺で起こった被害を伴う地震……26
表4　過去百年間（1917～2016）に日本列島で起こったマグニチュード7以上の大地震……28
日本列島のすべてが震度6の揺れを被る想定を……30
図6　東日本大震災発生時の震度分布……31
地殻変動と地震……32
図7　1991（平成3）年から20年間に世界で起こった被害を伴う地震……33

3）マグニチュード、震度、長周期地震動……34
地震の規模を示す「マグニチュード」……34

地震の揺れの強さを示す「震度」……35
長周期地震動……37
表5　気象庁の定める震度と加速度の目安……38

4）火山噴火……39
日本の火山……39
図8　日本の活火山……41
火山噴火に伴う災害……42
表6　大きな災害をもたらした火山の噴火……45

2章　日本列島の自然と原子力発電……47

1）原発導入時の危惧と誤算……48
放射性廃棄物を無視した日本……48
使用済み核燃料と「核燃料サイクル」……50

2）原発とその立地の安全性……51
原子力発電所立地の安全性……51
原子力関連施設の立地……52
原子力発電所の立地……53
東電福島の立地と安定性……54
表7　1917年からの100年間に起きた被害を伴う地震（震央都道府県別回数）……55
高レベル放射性廃棄物処分の立地……57
日本における原発立地への海外諸国からの懸念……58
日本列島の断層帯と原子力発電所……60
図9　日本の原子力発電所……61
フォッサマグナと浜岡原子力発電所（中部電力）……62
図10　フォッサマグナと浜岡原発、中央構造線と伊方原発……63
中央構造線と伊方原子力発電所（四国電力）……64
図11　我が国の原発立地の岩石と弾性波速度……65

3章 原子力発電の過去と現状 …… 67

1）原子力発電の利点と重大な欠点 …… 68
原子力発電の3つの問題点 …… 68
将来的コストからみた原子力発電の凋落 …… 69
原子力発電の有用性と欠点 …… 69
地震予測と地震対策のトリック …… 71

2）原発立地の安全性審査への疑念 …… 72
原発建設の審査と作られたシナリオ …… 72
図12 断層と破砕帯 …… 73
予知・予測不能な地震と安全神話 …… 75
原発立地の安全性審査 …… 76
原発立地と地震の可能性予測への違和感 …… 78
不可能な地震予測に成り立つ原発 …… 79
現実に崩された原子力発電の安全神話 …… 81

3）核燃料サイクルの行き詰まり …… 82
核燃料サイクル開発の経緯 …… 82
図13 核燃料サイクルの概要 …… 83
高速増殖炉の失敗 …… 84
先送りされる放射性廃棄物処理問題 …… 85

4章 日本列島と放射性廃棄物 …… 87

1）原発と放射性廃棄物 …… 88
放射性廃棄物とは …… 88
放射性核種と放射能の減衰、半減期 …… 89

表８ 高レベル放射性廃棄物に含まれる主な放射性核種と半減期の一例 …… 90
図14 放射能の減衰と半減期 …… 91

２）放射性廃棄物の分類 …… 92
４種類の放射性廃棄物 …… 92
放射性廃棄物の分類問題 …… 93

３）高レベル放射性廃棄物 …… 94
高レベル放射性廃棄物とは …… 94
図15 放射性廃棄物の分類 …… 95
高レベル放射性廃棄物の処分の難しさ …… 97
高レベル放射性廃棄物処分の候補地としての楯状地 …… 98

４）日本における高レベル放射性廃棄物 …… 100
日本における高レベル放射性廃棄物の処分 …… 100
図16 世界の楯状地 …… 101
日本における高レベル放射性廃棄物の保管 …… 103

５）日本における中、低レベル放射性廃棄物と特定放射性廃棄物 …… 104
日本における中、低レベル放射性廃棄物 …… 104
日本における特定放射性廃棄物 …… 105

６）主要海外諸国の高レベル放射性廃棄物への対応 …… 107
高レベル放射性廃棄物の地層処分の検討 …… 107
表９ 原子力発電と高レベル放射性廃棄物処分・主要各国の対応 …… 109
アメリカの放射性廃棄物処分 …… 110
フランスの放射性廃棄物処分 …… 112
中国の放射性廃棄物処分 …… 113
カナダの放射性廃棄物処分 …… 114
スウェーデンの放射性廃棄物処分 …… 115
フィンランドの放射性廃棄物処分 …… 115
ドイツの放射性廃棄物処分 …… 116

ベルギーの放射性廃棄物処分 117
スイスの放射性廃棄物処分 118

7）「高レベル放射性廃棄物の地層処分」とは
「IAEA Technical Reports Series No.177」について 120

5章 原子力発電の後始末と技術開発 135

1）原発の安全審査の問題 136
「基準地震動」の耐震設計を上回る現実の地震 136
核燃料サイクル構想への妄執と破綻 137

2）日本の原子力発電の「後始末」 139
敗戦からの復興に必要な電力と原発稼動 139
原子力の負の遺産と問題解決の責務 140
日本の原発の後始末に向けて 142
長寿命核種の短寿命化（核変換）技術の開発 144
原子力発電の後始末の最重要課題 146
原子力発電の廃止 147
高レベル放射性廃棄物の管理 148

おわりに 151

付録　用語解説 154

1章

日本列島の自然、その地質と 地殻変動の記録

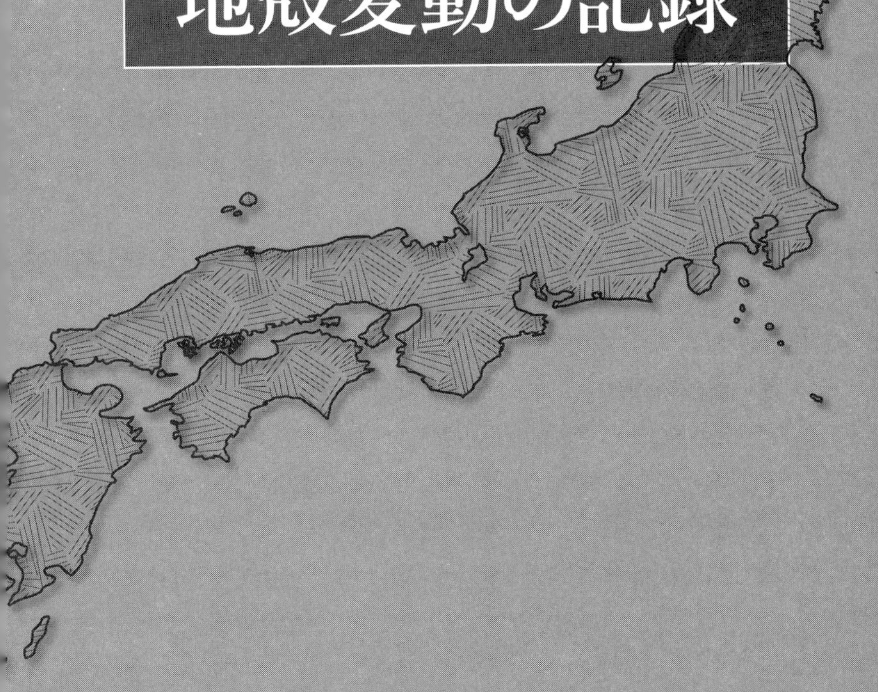

1) 日本列島の地質概要

日本で原子力発電を行う、その立地の自然条件を知る

日本で原子力発電を行うにはその立地の自然を知ることは当然の前提である。原子力の利用では安全性確保が不可欠で、原子力発電所（原発）の立地は堅硬な岩盤のある安定した地域であるとともに、今後も安定性が保たれる地域でなければならない。未来の安定性の予測は現在の地球科学では不可能である。これを補足する方法として、過去に立地が受けた地震の大きさや性質によって、今後起こりうる地震を推測することがある。これらを十分に検討するには、まずは基礎となる日本列島の地質と地殻変動の経緯を参照することは当然である。また、日本が太平洋と日本海に挟まれた東北―南西に長い列島であり、雨が多く、全国的に豊富な地下水に恵まれていることも考慮に加えなければならない。

日本の地球科学の黎明期であった明治から昭和に至る間、この日本列島の地質の大要を示す区分として「東北日本」「西南日本外帯」「西南日本内帯」の三区分が唱えられてきた。この区分は本州の地質の性質を東西に分けているフォッサマグナと、本州から四国・九州にかけて南北に分けている中央構造線の二つの大断層帯で区切られた３地域のブロックである。これら３つの呼名は近年ではあまり使われていないが、明治以降の先覚者たちが認めたこの３区分は、現在の日本列島の地質の大要を示すものとして列島の地形を見事に

表わしており、その意義を示している。人工衛星で撮影された日本列島の写真を見れば、この3ブロックが持つ性格と各ブロック間の境界を区切る二つの大断層帯の存在が、地形の上に明らかに示されている。

図1　日本列島の地質の大要「東北日本」「西南日本外帯」「西南日本内帯」

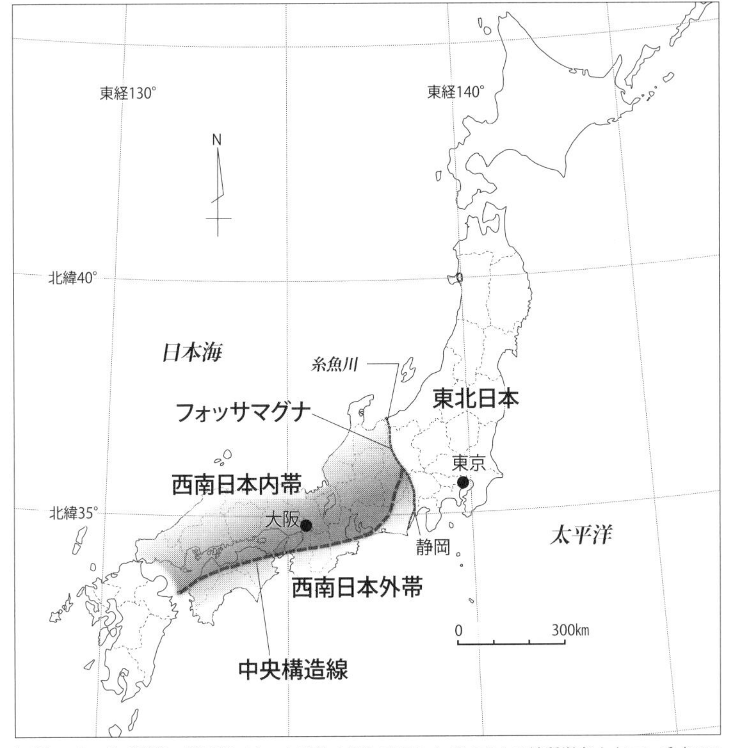

解説：日本の地球科学の黎明期であった明治中期に来日したドイツ人の地質学者ナウマン氏（1877～1885）を始めとする先駆者たちは、日本列島の地質構造が表題の3グループに分類されることを認めている。近年の調査などに伴ってこの分類から例外とされるべき事実や異論は認められるが、日本列島の地質を概観する3区分の重要性は現代においても変わらない。
「西南日本外帯」は激しい地殻変動によって変成岩と化した古生代の堆積岩などの帯状構造と花崗岩などの深成岩類、「西南日本内帯」は中—新生代に形成された堆積岩と花崗岩など、「東北日本」は北上山地などの古生代～中生代の堆積岩と新生代のグリーンタフなどの火山噴出物の多いことが特徴となっている。ただし、近年の調査などによる異論も少なくない。

図2　陰影起伏図（hillshademap）で見る日本列島

出典：国土地理院ウェブサイト、地理院地図 Vector（https://maps.gsi.go.jp/vector/）より

解説：近年の進歩が著しい陰影起伏図は地形の凹凸を明瞭に見ることができる。日本列島では過去に全国的に頻発した地殻変動で多数の断層が認められているが、陰影起伏図で見るとフォッサマグナと中央構造線が明瞭でその重要性の比較が明らかである。

国土地理院の陰影起伏図では、新潟県西端の糸魚川市から南の長野県安曇野盆地を経て、南の駿河湾に至る凹状地形の連続が明瞭である。この凹地帯の西縁がナウマン氏などの指摘するフオッサマグナであり、長野県中央部でフオッサマグナから分岐して、四国や紀伊半島北部でほぼ東西に走る凹地の連続が中央構造線である。二つの凹地帯とも周辺で起こった火山の噴火と火山噴出物で覆われて位置が定かでない部分もあるが、いずれもが断層などの集合部となって日本列島の重要な脆弱部の存在を示しており、図１の地質とその構造が異なる３グループの境界ともなっている。

図3　フォッサマグナと中央構造線

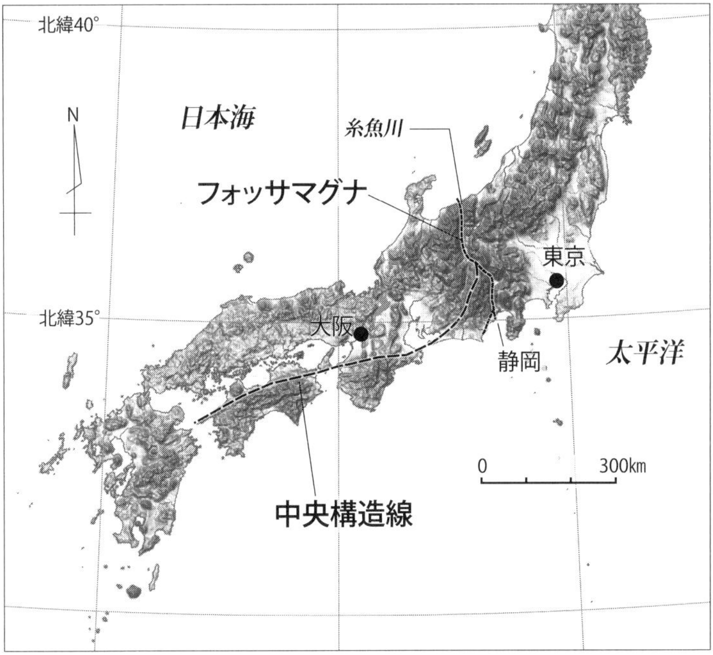

出典：国土地理院ウェブサイト、地理院地図 Vector（https://maps.gsi.go.jp/vector/）をもとに作図

解説：地質学では断層や破砕帯の集合部で岩石の分布を分断するほどの重要なものを構造線と呼んでおり、フォッサマグナと中央構造線は日本列島を分断する構造線として知られている。この二つの構造線は明治中期に来日したドイツ人の地質学者 E. ナウマン氏をはじめとする先駆者達が命名した。

フォッサマグナの北端は日本海に面した糸魚川市付近から始まり、南に伸びて駿河湾に面した静岡市付近に至る緩いＳ字状の線を西の限界とした、ほぼ南北方向の断層と破砕帯の密集部。この構造線は地形に大きく関与して、糸魚川から静岡に至る凹地の連続がフォッサマグナの存在を示している。駿河湾中央部にある水深2000m 余の海溝部もこの構造線と関連性が深い。

フォッサマグナ中央部の諏訪湖付近から南西に伸びる断層と破砕帯の密集部が中央構造線で、伊勢湾から紀伊半島を経て四国北部をほぼ東西に縦断して愛媛県西北端の佐多岬半島へと伸びている。さらに西への延長があるとみられるが、九州東部の阿蘇山や九重山などの新生代に発生した火山群とその火山噴出物に覆われて、西の延長は不明となっている。

また四国では中央構造線の南側にほぼ並行する仏像構造線と名付けられた構造線が東西方向に認められている。日本列島では過去の地殻変動の結果として多くの断層などが認めら、これらの構造線を境として地質構造も岩石の構成までもが大きく変っている。近年の調査と研究による異論や例外は少なくないが、日本列島の地質構造上、これらの構造線が存在することの重要性は現代においても高い。

二大断層帯と複雑な地形

フォッサマグナと中央構造線の二つの大断層帯が発生した時期は、共に地質時代で中生代と定められている時期と推測されている。日本列島の現在の地表の多くの部分は現代を含む新生代、現代からおおよそ6千万年前から現代に至る間に形成された岩石に覆われている。新生代の後半、現代からほぼ千五百万年前あたりから現代に至るまでの第三紀から第四紀にかけての間は、日本列島周辺で地殻変動が大いに活発化した時期で、火山の噴火が各所で起こり、これらの噴火に伴う火山噴出物で覆われている地域が多くを占めている。このために中生代以前の地形や地質の詳細がわからない地域が多く、新生代以前の基盤であるはずの花崗岩や中生代以前の古い堆積岩などは所々に顔を出すに留まっている。

日本列島周辺では中生代以前の古い時期にも断続的に地殻変動が起こっていた模様で、この痕跡は列島の所々に見られる。古い岩石である中生代や古生代の岩石に残された褶曲や断層、さらには堅硬で緻密な堆積岩や花崗岩などの火成岩に残された密度の高い亀裂によって知る、あるいは推測することができる。新生代後半から活発化した地殻変動、中でも火山活動によって現在の地表を覆っている溶岩や火山砕屑物は複雑な地形を形成している。そのうえ日本列島が太平洋と日本海に挟まれた地域の特徴的な気象条件から、多雨による多量の天水の激しい浸食が加わり、より複雑な地形が形成されている。また、新生代の岩石と亀裂の多い基盤岩類によって日本列島表層部の多くの地域で透水性が高く、このため全国的に豊富な地下水に恵まれることにもなっている。

表1　地質年代表

地質年代					大凡の形成年代（端数は4捨5入）
顕生代	新生代	第四紀		完新世	0（現代）— 1.1万年
				更新世	1.1 — 258万年
		第三紀	新第三紀	鮮新世	258 — 533万年
				中新世	533 — 2,300万年
			古第三紀	漸新世	2,300 — 3,400万年
				始新世	3,400 — 5,600万年
				暁新世	5,600 — 6,600万年
	中生代	白亜紀			6,600万年 — 1.45億年
		ジュラ紀			1.45 — 2.1億年
		三畳紀			2.1 — 2.52億年
	古生代	ペルム紀			2.52 — 2.99億年
		石炭紀			2.99 — 3.59億年
		デボン紀			3.59 — 4.19億年
		シルル紀			4.19 — 4.44億年
		オルドビス紀			4.44 — 4.85億年
		カンブリア紀			4.85 — 5.41億年
先カンブリア時代	原生代				5.41 — 25億年
	始生代				25 — 46億年

註：本表は日本地質学会2018年作成の層序表に準拠した

図4　日本列島地表の岩石

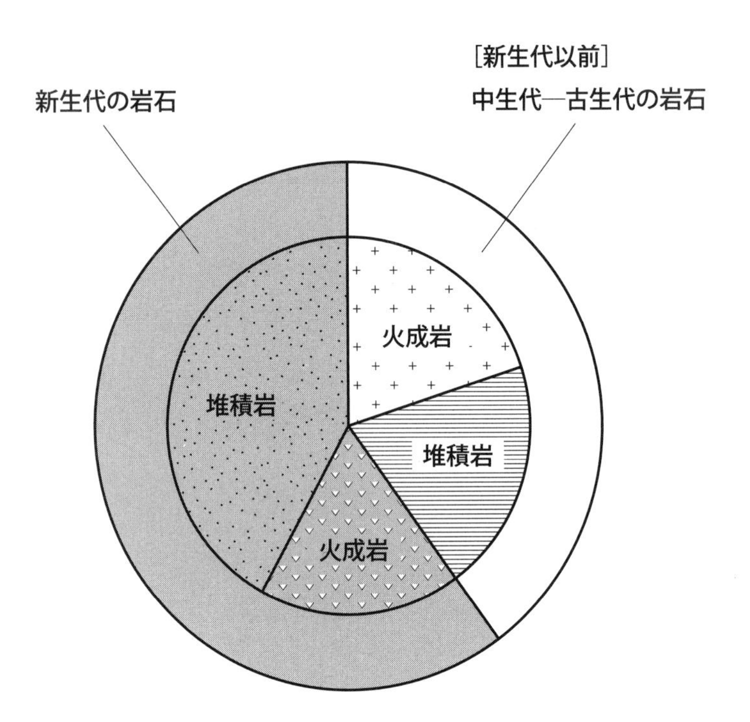

解説：現在の日本列島の地表で露岩となっている岩石のありさまを紹介するために筆者が作図した。本図は地質調査所が1953年に編集・出版した縮尺百万分の一の日本列島の地質図を基としている。この地質図では日本列島の現地表の岩石を百種に近い地質単元毎に色分けしており、地質調査所では百種に近い地質単元の分布面積を図上で測り、集計する作業も行なわれている。この結果は「地質調査所月報第35巻」で各地質単元毎の分布面積が紹介されており、本図はこれらのデータを形成時期と岩種別に集計し、それぞれの分布面積の比率を算出し図化したものである。

現在の日本列島の地表は新生代の岩石がほぼ60%を占めており、残る約40%が新生代の前である中生代以前に形成された岩石である。新生代の岩石の内訳は堆積岩が70%あまりで、残る29%あまりが火成岩である。火成岩の大半は火山の噴火で放出された火山岩など。新生代の堆積岩の多くが海岸などの砂や礫の未固結岩で、固結した堆積岩もその多くが固結度が低い粗い堆積岩で、その内容の多くが火山の噴火に伴う火山噴出物で占められている。

日本列島では中生代の堆積岩の分布は比較的少なく、中生代以前の岩石としたものの多くが古生代の堆積岩で、その一部は変成岩と化している。

表2　世界と日本の年間降水量

観測点	国	年間平均降水量	統計期間	備考
ヘルシンキ	フィンランド	679mm／年	1982～2010	バルト海東部
ヒースロー	イギリス	640	1997～2010	イギリス南部
リヨン	フランス	855	1982～1995	中東部の古都
ルクア	マルタ	544	1982～2010	地中海東部
アジスアベバ	エチオピア	34.6	1983～2010	標高2,400m
ヌジャメナ	チャド	529	1981～2010	アフリカ中部のチャドの首都
プレトリア	南アフリカ	666	1982～2010	南アフリカの首都
ウルムチ	中国	305	1982～2010	新疆ウイグル自治区区都
西安	中国	565	1981～2010	漢・唐時代の首都
ウランバートル	モンゴル	281	1981～2010	標高1,300m モンゴルの首都
プノンペン	カンボジア	1,407	1985～2010	カンボジアの首都
アリススプリングス	オーストラリア	277	1982～2010	オーストラリア中央部
エドモントン	カナダ	448	1982～2001	アルバータ州の州都
デンバー	アメリカ	407	1982～2001	コロラド州の州都
ワシントン	アメリカ	1,014	1982～2010	アメリカの首都
リマ	ペルー	2	1982～2010	ペルーの首都、太平洋沿岸
サルバドール	ブラジル	1,943	1981～2010	ブラジル東部、大西洋沿岸
札幌	北海道	1,107	1981～2010	北海道内陸
秋田	秋田県	1,686	1981～2010	日本海沿岸
仙台	宮城県	1,254	1981～2010	太平洋沿岸
東京	東京都	1,529	1981～2010	東京湾／太平洋
新潟	新潟県	1,821	1981～2010	日本海沿岸
大阪	大阪府	1,279	1981～2010	大阪湾／太平洋
浜田	島根県	1,664	1881～2010	日本海沿岸
松山	愛媛県	1,315	1981～2010	瀬戸内海／太平洋
福岡	福岡県	1,612	1981～2010	九州北部・福岡湾／日本海
鹿児島	鹿児島県	2,266	1981～2010	九州南部・鹿児島湾／太平洋

説明：本表は世界気象機関（略称：WMO）他のデータによって編集された『理科年表2018』年版によった。年表の中で最大の降水量は、東南アジアのブルネイの年間降水量3,123mm（1981～2010年平均）が記録されているが、広域的にみた降水量は日本列島はそのすべてが高い値を示しており、我が国での地下水の豊富な状況とおおむね合致している。

2）日本列島の地殻変動と地震の特徴

地殻変動と地震

地殻変動とは、地殻よりも下位のマントル、地核など、地球内部と地殻内での変形や変位、火山活動などのすべての現象を包含する総称である。地殻変動には地盤の隆起や沈降などの地域的で小規模な異変から、極めて大規模な大陸の移動までもが包含される。これらの地殻変動が起こった際には必ず地震が伴っていたであろうと推測される。地震は地殻変動で発生するほとんどすべての現象に伴い発生する現象と推測される。地震は私たち日本人が日常的に見舞われている身近な地殻変動の一つだが、今後も起こり得る地震の予測については、現在の地球科学ではまったく不可能なレベルに留まっている。この現状はまことに残念なことだが事実である。

地震の原因

地震の原因についてはさまざまな研究があり、仮説を含めた意見や憶測が飛び交っているが、“地質屋”の私としては、地殻変動で起こったすべての現象が地震の原因に結びついていると考えている。地殻変動と伴に地震が発生し、その地震波は広く四方に伝播されて揺れを伝達している。積載物を満載したダンプトラックが表通りを通過しただけでも小さな地震が起こり揺れを感じる。また北朝鮮の地下核実験という人為的地殻変動でも特有の地震波が発生してアメリカなどいくつもの遠い国がこれを観測している。

地殻変動など地殻で起こるさまざまな現象で発生する地震波が、弾性体である地殻を媒体として周囲に伝播して、地震という現象、揺れになっている。地殻中の天然現象としての地震発生の原因は、岩体中で起こった部分的な応力の不均衡が主な原因とみられる。その量や性質によって種々の現象が地殻内で発生し、その現象の一つが地殻の揺れ、地震波、すなわち地震になるものと私は考えている。

断層が動くことによって地震が起こるとする「断層地震説」が我が国で注目されたのは1891（明治24）年、美濃と尾張の地域境で発生した濃尾地震（マグニチュードは8.0）と美濃地方の根尾谷断層が同時に発生したことを契機として議論が盛んになった。また逆に地震に伴って断層が発生するという「地震断層説」もこの明治以降、議論が盛んである。

平穏な地殻で均衡を保っていた応力に不均衡が生じた時に、不均衡に耐えられなくなった部分を中心に地殻変動が発生し、そして地震が発生する。地殻変動が起こったことにより応力の均衡が取り戻されれば、地殻変動は収束して平穏状態に戻る。平穏状態に戻りきらない場合に補足的地殻変動が起こり、これに伴って起こる地震が余震となる。地震とは沈降、褶曲や断層の発生など地殻変動の諸々の現象が発生する際に起こる現象の一つといえる。

地震波を利用した地下資源の調査手法の一つとして弾性波探査があり、この調査法の別名が「地震探査」とも呼ばれている。弾性波探査は、調査対象地域の地殻表層の弾性体としての岩石に人工的に地震波を発生させて、対象地域の岩石を媒体として伝播される地震波の挙動を解析して地下のありさまを推測する手法である。その活用では、フランスの地震探査チームが中東地域で石油鉱床を発見するなど大活躍した例が挙げられる。これらの地震探査で発見した大規模な地質構造の解明では、地上で爆薬を用いて発生させた地震波を利用しているが、小規模の金属鉱床の探査では樹上に吊るした錘を落下させ発生した地震波が解析に用いられることもある。

日本列島の地震の記録

日本列島の各地では過去に多くの地震があったことが伝えられている。各時代の為政者による公式の地震記録は皆無であり、我が国での歴史時代の地震の記録は、古い歴史書や詩歌などの文学作品にたまたま登場した社会描写の一片から読み取るほかない。地震発生の予知が不可能である現代において過去に起こった地震の記録は、今後起こり得る地震を予測するためのデータとして極めて貴重な資料である。

現在、我が国の地震の記録は気象庁が集約することになっている。1922（大正11）年に地震のデータは気象庁が集約することになったが、1922年以前の記録は気象庁にはない。1922年は1923年に起こった関東大震災の一年前で、当時の気象庁である中央気象台の担当者たちはさぞ大変であったろうと推測される。近年では地震の記録は正確であるばかりでなく詳細な解析まで施されて記録されているが、日本列島の地震の記録は最も古いものでも西暦400年以降で古墳時代以前の記録はまったく残されていない。西暦720年に完成した我が国最古の歴史書である日本書記において、西暦416年８月21日、日本歴では允恭５年７月14日に奈良盆地で大地震があったという記載が我が国での最古の地震記録となっている。古い時代の地震の記録は歴史の中の一部として、あるいは文学作品の中での記載に限られるため、古い時期であればあるほどばらつきの幅が多く、また地域の記録としても精粗の幅と欠落が多いとみられる。現在の私たちが目にすることができる過去の地震データは、数多くの研究者たちが、古い文学作品、文献資料の中から地震の記録を探し出し拾いあげるという面倒で苦労の多い作業の積み重ねによって得られた結果を編集したものである。

こうした過去の地震の記録を一定の基準の下で収録し編集した出版物に、宇佐美龍夫氏を中心とした研究者たちがデータを集めて編集した『日本被害地震総覧』(東京大学出版会、2013年刊）がある。さらに同書の内容を中心に年毎の記録を書き加えている出版物として、東京天文台が編集して丸善が年毎に出版している『理科年表』がある。

表３　日本列島周辺で起こった被害を伴う大地震の記録と頻度

百年毎の大地震の回数と頻度					備　考
年度（西暦）	M≧8	8>M≧7	M≧7	頻度（回／百年）	
700年以前	1	2	3	＜1.0	白鳳地震（684年）ほか
700―799年	0	3	3	3.0	
800―899年	2	8	10	10.0	貞観の三陸沖地震（869年）ほか
900―999年	0	1	1	1.0	
1000―1099年	2	0	2	2.0	永長地震（1096年）ほか
1100―1199年	0	1	1	1.0	
1200―1299年	0	2	2	2.0	
1300―1399年	2	2	4	4.0	
1400―1499年	2	3	5	5.0	応仁の乱
1500―1599年	0	6	6	6.0	
1600―1699年	2	16	18	18.0	慶長の三陸沖地震（1611年）ほか
1700―1799年	3	18	21	21.0	宝永地震（1707年）ほか
1800―1899年	4	31	35	35.0	安政東海地震（1854年）ほか
1900―1999年	7	49	56	56.0	三陸沖地震（1933年）ほか
2000―2012年	2	11	13	108.3	東日本大震災（2011年）ほか
合　計	27	153	180	8.87	1596年／180x100＝**8.87回**／百年

解説：本表の数字は、日本列島が受けたマグニチュード（M）７以上の大地震の記録上の履歴である。事実として信頼できる地震の記録を収集した『日本被害地震総覧』（宇佐美他編、2013年）によっている。

西暦416年から2012年までの1596年間にM≧７の大地震が180回起こったことを示している。西暦416年から1999年までの1583年間のM≧７は167回、この間のM≧７の平均頻度は100年に9.5回で10年に１回弱程度であったことになるが、近年の1900年からの100年間には56回のM≧７の大地震が記録されている。また、最近の1917～2016年の100年間でM７以上の大地震は52回記録されている（表４参照）。

記録は西暦416年以降のものであるが、現存する記録には地域的な欠落や時代による欠落などが含まれ、本表の数字が日本列島で起こったすべての地震の正確な反映とは考え難い。限られた日本列島内での地震の頻度が、本表に見られるような大幅な変化がある原因は、明治時代中期以前の記録に多くの錯誤や欠落がある、とみるのが妥当である。

全国にわたる観測が行われた1900年（明治33年）以降百年間の記録が、近年の日本列島の地震の頻度を推測するにふさわしい。この百年間、56回のM≧７の地震が列島のどこかで起こったという事実が、近年での標準的大地震の頻度といえよう。ただし、2011年３月11日に起こった東北地方太平洋沖地震はM9.0と推定される稀有の巨大地震であり、日本列島では数十年から数百年のうちに、このような巨大地震が起こりうることは念頭に置かなければならない。

高度の安全性を必要とする原発、その立地の安定性の条件、さらに長期の安定性が前提とされる放射性廃棄物の処分の検討で必要となる、日本列島の地震発生の予測では、特に大地震の発生の頻度を考慮しなければならない。

今、私の手元にある『理科年表』2018年版には、「日本付近の主な被害地震年代表」と題して33頁にわたり、日本列島と周辺で起きた主な地震の記録とその被害などの大要が記載されている（図５）。

繰り返し紹介したように既存の資料には時代的にも地域的にも欠落や不明確な点が多い。ことに江戸時代以前の古い時期の地震の記録には欠落が多いが、現時点で未発見の新たな地震の記録を見つけだすことは困難であろう。宇佐美氏らの集計による過去100年間に起こった大地震の発生回数を頻度としてみた表３でも、江戸時代末期までの頻度と明治以降の頻度には大きな相違が認められる。この原因は社会の変化などによる記録の欠落とみられる。上記のデータのうち近年のデータについて、地震規模と発生回数などを検討して、日本列島の今後の地殻変動、地震の状況がどう推移してゆくのかを私なりに妥当と思える推測を試みてみた。

今後の大地震とその頻度の推測

2013年に出版された宇佐美氏等の編集による『日本被害地震総覧』と『理科年表』の「日本付近の主な被害地震年代表」の記録で、過去の地震で関東大震災（M＝7.9）など地震の規模がマグニチュード（以下Mと略記）７以上、M≧７と推測されている大地震は、西暦416年以降の約1600年の間に168回起こったと記録されている。さらに被害を伴うM≧５の地震を含めると433回起こっている。この記録ではM≧７の大地震は西暦600年代ではその百年間に２回、700年代に４回、800年代に10回と増えて全国的に記録が整ってき

図５　西暦2000年前後の140年間に日本列島周辺で起こった被害を伴う地震

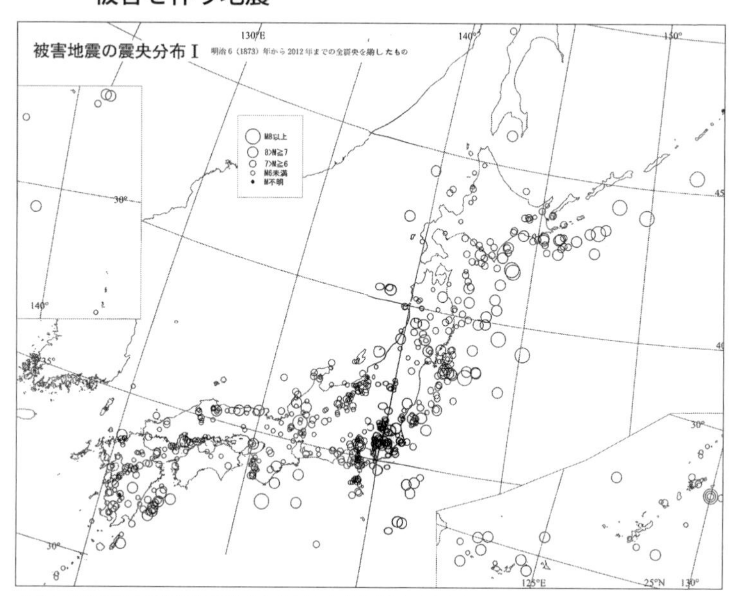

解説：本図は日本列島周辺で発生した被害を伴う地震の震央を示しているもので、『日本被害地震総覧』（宇佐美龍夫編纂、東京大学出版会、2013年刊）に掲載されている図を引用した。

本図は1873（明治６）年から2012（平成24）年までの140年間に発生した被害を伴う地震の震央（地下で発生した震源を地表に投影した地点）を日本地図に示したものである。この図で示されている事実は以下に要約される。

1）マグニチュード８以上（M≧８）の巨大地震は図の北東部の千島列島から南東部の九州南部までの太平洋沿岸部で起こっており、140年間に11回起こっている。
2）人的被害を伴う大地震は全国のほとんどの地域で起こっており、この総数は224回に上っている。
3）1873年以降の140年間に起こった224回の大地震によって、それぞれの各地で気象庁の震度階で少なくも５以上の強い揺れを感じたと推測される。

たとみられる江戸時代の寛政年間などの1800年代には36回起こっており、明治33年に始まる1900年代には53回の大地震が記録されている。百年という期間での日本列島周辺での記録でM≧７の大地震の回数がこれ程の大きな相違が起こるとは考え難い。この相違は記録の欠落を意味するものとみられる。さらに2016年までの百年間にあったM≧７の大地震はちょうど50回起こっている（表４）。

仮に百年間に50回以上のM≧７の大地震が起こるとすれば千年間に500回を上回る数の大地震が日本列島のどこかを襲うと推測できよう。日本列島で過去に起こった被害を伴うM≧５以上の地震の発生回数は､『理科年表2018年版』で紹介されている1600年間の433回のおそらくは数倍あったであろうと推測される。同じく地震の規模がM≧８以上と推測されている巨大地震の記録は1600年あまりの間に27回と記録され、最近の百年間の記録では1917年から2016年の百年間に８回の巨大地震が記録されていることから、過去の1600年間に日本列島周辺で起こった巨大地震の数も記録にある数の数倍に上ると推測される。

近年のM≧８の巨大地震は日本列島の太平洋側に集中しているが、M≧７と推測されている大地震の震央は日本列島の一部に集中しているわけではなく、全域にわたって記録されている。また、Ｍ６～７程度の地震は日本列島の全域で起こっており、震央近傍では震度６以上の激しい揺れがあったと推測されている。このような各種の地震がこれまで同様の頻度で発生を繰り返すであろうと考えられる。

日本列島とその周辺海域で起こった大地震、巨大地震ではその多

表４　過去百年間（1917〜2016）に日本列島で起こったマグニチュード7以上の大地震

発生年／月／日	規模(M)	震央（県）	名　称
1918／09／08	8.0	ウルップ島	
1921／12／08	7.0	茨城	竜ヶ崎地震（千葉・茨城県境）
1923／09／01	7.9	神奈川	関東大震災
1924／01／15	7.3	神奈川	丹沢地震
1927／03／07	7.3	京都	奥丹後地震
1930／11／26	7.3	静岡	北伊豆地震
1931／11／02	7.1	日向灘	
1933／03／03	8.1	三陸沖	三陸沖地震
1936／11／03	7.4	宮城	宮城県沖地震
1938／05／23	7.0	茨城	
1938／11／05	7.5	福島	福島県地震
1940／08／02	7.5	北海道	積丹半島沖地震
1941／11／19	7.2	日向灘	
1943／09／10	7.2	鳥取	鳥取地震
1944／12／07	7.9	紀伊半島	東南海地震
1945／02／10	7.1	青森	
1946／12／21	8.0	紀伊半島	南海地震
1947／09／27	7.4	沖縄	
1948／06／28	7.1	福井	福井地震
1952／03／04	8.2	北海道	十勝沖地震
1953／11／26	7.4	千葉	房総沖地震
1958／11／07	8.1	エトロフ島	
1961／02／27	7.0	日向灘	
1961／8／12	7.2	北海道釧路沖	
1961／08／19	7.0	石川	北美濃地震
1962／04／23	7.1	北海道十勝沖	
1963／10／13	8.1	エトロフ島	
1964／06／16	7.5	新潟	新潟地震
1968／04／01	7.5	日向灘	1968年日向灘地震
1968／05／16	7.9	青森	十勝沖地震
1972／12／04	7.2	伊豆諸島	1972年12月4日八丈島東方沖地震
1973／06／17	7.4	北海道	根室半島沖地震
1978／01／14	7.0	伊豆諸島	伊豆大島近海地震
1978／06／12	7.4	宮城	宮城県沖地震

くが津波を伴っていることも被害を大きくしている。2011年３月11日に発生した「東北地方太平洋沖地震」による東日本大震災はM＝9.0と、稀有の巨大地震であった。しかし津波による被害を考慮に加えれば決して唯一無二の大災害とはいえず、たとえば1896（明治29年）の三陸沖地震（M＝8.2）でも２万人あまりの人的被害を受けている。2011年の大震災は従来から日本列島が見舞われてきた地殻変動現象による被害の一つに数えられるものと考えなければなるまい。

1982／03／21	7.1	北海道	浦河沖地震
1983／05／26	7.7	秋田	日本海中部地震
1993／01／15	7.5	北海道	釧路沖地震
1993／07／12	7.3	北海道	北海道南西沖地震
1994／10／04	8.2	北海道	北海道東方沖地震
1994／12／28	7.6	三陸沖	三陸はるか沖地震
1995／01／17	7.3	兵庫	兵庫県南部地震
2000／10／06	7.3	鳥取	鳥取県西部地震
2003／05／26	7.1	宮城	
2003／09／26	8.0	北海道	十勝沖地震
2005／03／20	7.0	福岡	
2005／08／16	7.2	宮城	
2008／06／14	7.2	岩手・宮城	岩手・宮城内陸地震
2011／03／11	9.0	三陸沖	東北地方太平洋沖地震
2011／04／07	7.2	宮城	
2011／04／11	7.0	福島	
2012／12／07	7.3	三陸沖	
2016／04／16	7.3	熊本	熊本地震

解説：本表の数字は東京天文台編『理科年表2018年版』のデータによった。地震の規模（M）はマグニチュード、震央（県）には被害の大きかった道府県をあてた。なお、震央が三陸沖となっているものは岩手県、紀伊半島は三重県、日向灘は宮崎県とした。
『理科年表2018年版』によると日本列島では1917年から2016年の100年間にＭ７以上の大地震が52回起こっており、平均すると２年弱の間に１度は、全国どこかでこの大地震が起こったことになる。

日本列島のすべてが震度６の揺れを被る想定を

規模の大きな地震は強い揺れをもたらす、そして同じ規模の地震でも震源が浅い地点で起こった地震の揺れは大きく、深い場合は比較的軽微であることは、地震国日本では知られている。2016年に起こった九州・熊本地震は一連の群発地震として発生したが、なかでも2016年４月16日の最大規模の地震でＭ＝7.3、震源の深さが12㎞と極めて浅いものであったと推測されている。そしてこの地震による地表での震度は気象庁が定める震度階級の最大値７が記録されている。同様の記録は熊本地震の中でＭ５～６の地震でも、深度の浅い震源では強い揺れが記録されている。大きな被害をもたらした主な原因は、震源の深さが６～16㎞と浅く震度が大きくなった事実が知られているが、これに加えて震源が市街地に近かったことも一段と被害を大きくした。また、Ｍが9.0という稀有の超巨大地震であった「東北太平洋沖地震」では、震央から近いところでは震度７が観測されているばかりでなく、震央から約300㎞離れた関東地方北部でも震度６が観測されている。この事実から、地震波の伝播には偏りがみられるものの、超巨大地震、巨大地震といえる規模のものでは数百㎞隔たる遠い場所においてでも構築物に重大な被害を与える程度の「揺れ」が認めたことも明らかになっている。国内どこにおいても起こりうる直下型地震も合わせて考えれば、日本列島では震度６に達するほどの強い揺れは、どこにおいても覚悟しておく必要があるといえる。

図６　東日本大震災発生時の震度分布

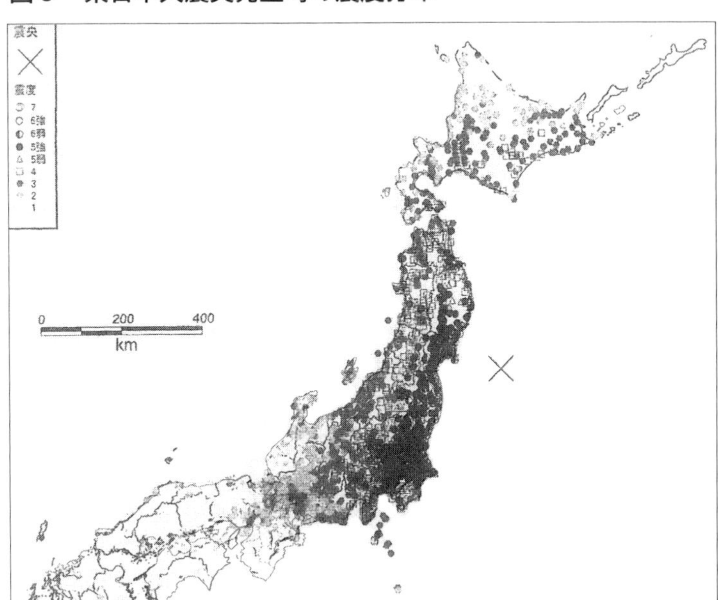

解説：本図は日本列島で起こった大地震の地震波伝播を示すものとして、宇佐美龍夫氏等が編纂した「日本被害地震総覧」(東京大学出版会2013年刊) に掲載されているものを引用した。

東日本大震災、正式名「東北地方太平洋沖地震」は2011年３月11日に発生した日本列島の記録上最大の地震で、震源は宮城県東方の太平洋、深さ24㎞付近と推測されている、規模はマグニチュード9.0の巨大地震で気象庁の地震観測網のデータを集計・図化したものである。震源に近い地域に強い地震動が認められているが震源から数百㎞隔たった関東平野、越後平野、濃尾平野などの若い堆積岩類が分布する平野地域などで強い地震動が観測されている。本図は地震の揺れが場所毎に異なる震源や周辺の地質、さらには震源からの間にある地質、地形などの状況によって地震波、つまり弾性波特有の伝播状況によって地震波が伝播された結果を示している。

また、震源の地殻変動の状況や弾性波の発生状況などによっても弾性波の伝播結果は異なるものとなる。巨大地震に限らずマグニチュード６～７程度の地震においても、震源が浅い場合には近年の熊本地震にみられるような強い揺れを地上にもたらすことになる。日本列島では地震による強い揺れは全国ほとんどの地域で記録されており、我が国ではどこにおいてでも地震による強い揺れは覚悟しておかなければならない。

以上が私の今後あり得る地震への推論である。異論もあるだろうし、ぜひご批判を賜りたい。

地殻変動と地震

我が国の地殻変動の痕跡はさまざまなところで、さまざまな形を見ることができる。断層や破砕帯は顕著な痕跡の一つであり、地表の岩石に刻まれている小さいが頻度の高い亀裂も、我が国では全国の多くの地で認められる痕跡である。火山から放出された溶岩などにみられる急冷された際の亀裂を除くと、花崗岩などの火成岩や古生代などの古く堅硬な堆積岩など岩石に刻まれている亀裂の多くも地殻変動の痕跡といえる。近年では結晶が見事な花崗岩や片麻岩など美しい岩石の薄板がビルの壁面や床などにタイルを貼るようによく使われている。我が国でも堅く美しい岩石は存在しているが、タイルのように薄い板状の建築材料は入手し難い。これは従来から多くの地殻変動に襲われたために堅い岩石に亀裂が多く生じたことが原因と推測される。

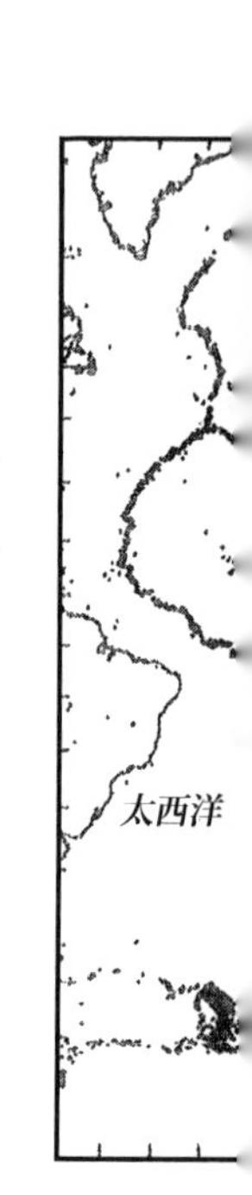

地震は地殻変動の活動状況を示すものと見られている。地球上で起こったすべての地震のデータはイギリスに設置されている国際地震センター（International Seismological Center、略称：ISC）に集約されることになっており、ISCのデータは年毎に丸善から刊行される「理科年表」に逐次紹介されている（図7参照）。

図７　1991（平成３）年から20年間に世界で起こった被害を伴う地震

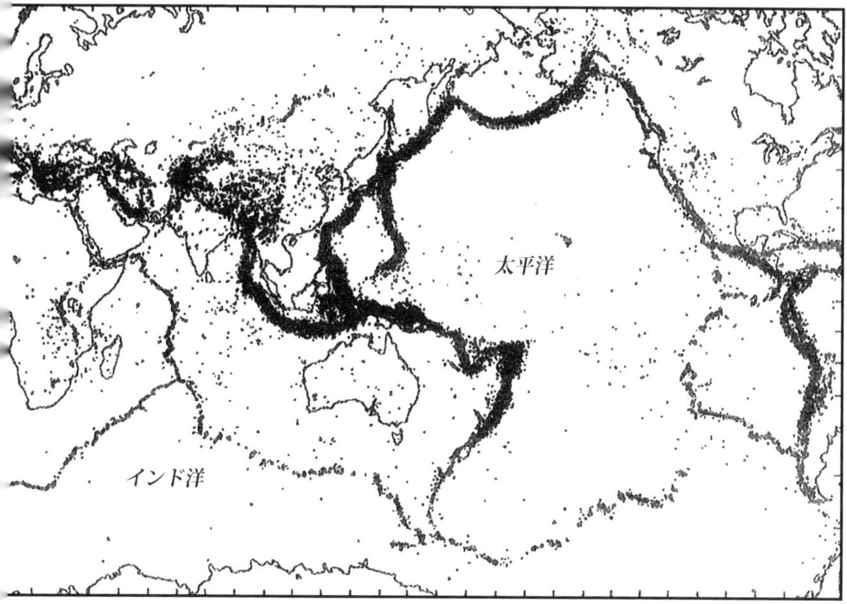

解説：この図は国立天文台編纂による『理科年表 2018年版』794ページに掲載されている「世界の浅い地震（M＞4.0、深さ100km以下、1991〜2010）の分布図」と題した図で、世界中の地震の傾向と日本列島の位置を端的に示す資料としてここに掲げた。

この図は1991年からの20年間に世界で起こった地震のうち、人的被害があり得る地震として、地震の規模がマグニチュード（M）４以上で震源の深さが100km以浅の地震を世界地図上に黒点として示している。黒点の位置などはイギリスにある国際地震センター（略称 ISC）が取りまとめたデータが使われている。本図で明らかなように、人的被害を発生し得る地震は太平洋を取り囲む地域やヒマラヤ山塊に続く地域など、地球上の一部に集中しており、日本列島は完全に黒点で塗り潰されている。一方、地震のほとんどない地域が世界には少なくないことも示している。

図７はISCの1991年からの20年間の地震のデータのうち、人的被害の可能性のある地震の震源を世界地図上に黒点として図化したものである。

黒点でマークされた地震の多くはマグニチュード（M）が４以上のもので、かつ震源の深さが100㎞よりも浅いものが取り上げられている。さらに同図では示されていないが、M≧４の地震が集中している地域では文字通りの大地震といえるマグニチュード7、あるいは８以上の巨大地震もこの図の黒点が集中している地域の中で起こっている。そして火山の噴火の多くも、黒点密集地域に集中している。この事実は図７の黒点密集地域では地震と共に各種の地殻変動が活発な地域であることも明らかに示している。地球上では大地震の多くが一部の地域に偏って発生しており、日本列島は太平洋を取巻く地震多発地帯の一部にあることは、黒点によって塗り潰されているこの地図によっても示されている。

3) マグニチュード、震度、長周期地震動

地震の規模を示す「マグニチュード」

地震の規模を示す指標、単位はマグニチュード（略称：M）が広く用いられている。マグニチュードは英語の magnitude of earthquake の訳と省略で、地震を起こした力・エネルギーを推測し数字で示すものとして考案されたものである。大地を揺るがす地震を起こすに

は大きな力を必要とすることは容易に理解できるが、この大きな力を数字で表現することは大変難しく、多くの研究者がさまざまな方法を試みてきた。その方法の一つに、「モーメントマグニチュード」（略称：Mw）がある。地球物理学者以外にはまことに難解な地球物理学特有の方程式を連ねて考案された。1979年、アメリカのカリフォルニア工科大学の当時の地震学教授であった金森博雄とその学生であったトーマス・ハンクが発表したMwが現在、地震の規模を示す指標として世界で広く用いられている。アメリカ地質調査所（略称：USGS）がこのMwを「マグニチュード」として地震の規模を示す単位として採用している。

現在の日本でのマグニチュード（M）は気象庁の独自基準によるマグニチュード（Mj）として用いられているもので、この単位は金森氏らのMwにごく近く、また計算された数字はUSGSのそれにもごく近いものとなっている。計算で求められたMの数字は研究者によって多少のずれが認められているが、このずれの原因は計算の過程にあると思われる。

地震の揺れの強さを示す「震度」

地震の揺れの強さを示す指標としての単位に「震度」がある。震度は震源からの３次元の隔たりと相関する。つまり震度は縦・横・上・下、いずれの方向であっても、震源に近いほど大きく、遠いほど小さくなる。こうした知識は地震に慣れた日本では経験的に理解できるが、同じ規模（M）の地震であっても震源の深さによって震度が異なることもある。地下の震源の真上の地上の点のことを「震央」と呼んでいるが、震源が深ければその直上である震央の震度はそれに比較して小さくなり、震源が浅い場合にはM値が小さくても、震度は大きくなる。繰り返すが、地震が発生した震源からの、立体的に三次元でみた距離に応じて揺れの大きさが変化しているという事実から、地震によって発生した地震波は伝播する距離に応じて、そして波が通る間の地質とその構造によって増減することも知られている。

地震の揺れを伝える地震波、この波は地殻を構成しているさまざまの岩石を媒体として伝播する弾性波であり、弾性体である地殻の諸々の密度の岩石を揺らして伝播する波である。伝播された地震波による揺れ、震度から、簡単に地震の規模（M）を推測したり解析することは難しい。地震波が伝播する媒体の、地殻の岩石とその状況によって、弾性波特有の現象である屈折、反射、波の重なり等々が生じて、その結果としての震度になる。

我が国の地震に関する調査や研究は各地の大学や研究機関で行われているが、その調査研究の中心は気象庁であり、観測や解析されたデータの多くが集約されている。これらのデータによって気象庁では揺れの強さである「震度」を0、1、2、3、4、5弱、5強、6弱、6強、7弱、7強、の11段階に区分している。震度を数字で表現することは地震の規模をマグニチュード（M）で表すことと同じように大変難しい。地震が発生すると地震の揺れは地震波として八方に伝播してゆく。この地震波は主として縦波と横波で構成されており、縦波の伝播速度が横波より少し早いため一次波（英語のprimary waveの略でＰ波）として伝播し、横波はＰ波より少し遅れるので二次波（ secondary wave、略はＳ波）となって伝播している。大地震の際の地震波は、震源の周囲の岩石を通じて八方に伝播する間に、異なる岩石の間などで屈折や反射を繰り返しながら伝わっている。この間に地震波が重なり合って長周期地震動と呼ばれる地震波などが合成されることもあれば、逆に減衰し消滅してゆく地震波もある。Ｐ波やＳ波といった地震波は、加速度の国際的な単位であるCGS単位のガル（１Galは１㎝／ sec^2）で表現される。我が国では全国で３千あまりの地点に設けた震度計によって各地点における震度が瞬時に測定されて集計されるシステムが完備されている（表５参照）。

2016年に始まった熊本地震と熊本市周辺で起こった一連の地震では、一部の地域では震源がことに浅く、震度区分の中で最大値である震度７が測定されている。一連の熊本地震の被害は、都市部など人口密集地での直下地震の恐ろしさを示している。

長周期地震動

地震の揺れが地震波によって伝播されていることを示すもう一つの現象がある。大地震に伴って数十秒から数分後に発生することがあり、ゆっくりとした、つまり長周期の大きな震動で、長周期地震動と呼んでいる。高層ビルなどを大きく揺らすもので、この発生原因は多くの地震波が地下で重なり合った結果であろうと推測されている。

震源で発生した地震波（＝弾性波）は地殻を構成している物質、つまり岩石を動かして地震波となり、八方へ減衰しながら伝播する。伝播の媒体となる複数の岩石の間で地震波の屈折や反射が繰り返された結果として、一部は減衰するが、一部は重なり合い、より大きい振幅の周期の長い波となったものが長周期地震動になると考えられている。地震波の重なり合いは媒体である岩石とその地の地質構造によって変わるので、特定の地点で予めどのような長周期地震動が発生するかを予測したり、解析することは一段と難しい。

表5　気象庁の定める震度と加速度の目安

震度階級	屋内での揺れ	屋外での揺れ	対応する加速度（ガル）
0	人はほとんど感じない	無感	0.8以下
1	人はわずかに感じる	ほとんど無感	0.8～2.5
2	多くの人が感じる	ほとんど無感	2.5～8.0
3	睡眠中でも目覚める	電線がゆれる	8.0～25
4	ほとんどの人が驚く	歩く人も地震を感じる	25～80
5弱	ほとんどの人が恐怖を感じる	歩行中にふらつく	80～250
5強	強い恐怖を感じる	窓ガラス一部が割れる	
6弱	立っていることが困難	窓ガラスの多くが割れる	250～400
6強	立っていられない	ブロック塀一部が倒れる	
7	自己の意思での行動が困難	墓石の一部が倒れる	400以上

1ガル（Gal）は1㎝／ sec^2

解説：地震の震度階級は主として加速度によって設定されている。しかし測定場所や人の感じる揺れは地震発生時に人が居た場所の地質や地震波の方向などによっても揺れの程度が異なるので、加速度の強弱だけで定量的に定めることは難しい。このため日本の気象庁では０から７までに設定した震度階級の説明を種々の方法をとっている。本表はその一例。

本表は「気象庁震度階級関連解説表」として公表しているものから筆者が抜粋して編集し作成した。

4）火山噴火

日本の火山

世界で発生した被害をもたらす地震の分布図（図７）に見られるように、現在の日本列島は地質年代の「新生代」において、環太平洋地域の地殻変動帯の中にある。この地殻変動帯の過去の火山噴火の痕跡などから推測すると、地質年代の第三紀中頃、現代から2000万年前頃から日本列島周辺の火山活動が一段と活発になっている。我が国では北の北海道から南の九州、沖縄南部の八重山諸島まで、第三紀以降に放出された火山噴出物が大量に認められており、日本列島は数千万年前の昔から火山活動が活発な地域であったことが知られている。

1986年、伊豆大島・三原山で、山腹にできた亀裂からマグマ（溶岩）が吹き上げるという、まことに派手な「マグマ噴火」が起こった。このため多くの人たちが島外へ避難せざるを得ない緊急事態となった。また、2017年には木曽御嶽山で「水蒸気爆発」が起こり、多くの登山者が犠牲になるという悲劇も起こっている。この二つの噴火、「マグマ噴火」と「水蒸気爆発」は火山噴火の二つの典型といえる。マグマ噴火は文字通り高温で溶けた岩石、マグマが地下から地上に吹き上げる噴火であり、水蒸気爆発は高温のマグマなどと地下水が接触して発生した水蒸気が地表を突き破って噴出する噴火である。伊豆大島の三原山も木曽の御嶽山も、第三紀から第四紀の現代まで継続して火山活動が続いている活火山であり、三原山のマグマ噴火、御嶽山の水蒸気爆発もこの一連の火山活動の一つといえる。さらにはマグマ噴火と水蒸気爆発が重なって起こる「マグマ水蒸気爆発」もある。マグマ水蒸気爆発は高温のマグマが地上に出るまでの間に、地下水や海水に接して水蒸気が作られ、地表を突き破って水蒸気爆発を起こす際にマグマも共に噴出する噴火である。このケースの痕跡は我が国でも少なからず認められている。日本列島では地質年代の新生代ばかりでなく、中生代以前から火山の噴火に何度も見舞われた結果として、多くの新旧の火山が存在している（図8、表6参照)。

気象庁は地震だけでなく火山についての情報も統括する国の公式機関になっている。気象庁が火山情報を正式に取り扱うようになったのは1965（昭和40）年であるが、火山についての調査や研究は、多くの大学や行政機関が行っており、それらの情報、データも一部は各所で公表されている。火山の情報を取りまとめた気象庁の出版物『日本活火山総覧』は1984年に初版が刊行され、その後は数年毎に改訂が重ねられ拡大されている。この出版物では、現代の第四紀に噴火したことが明らかな火山を中心に、今後も噴火する可能性が高いと認められた火山を「活火山」として、全国で110の火山を選び、噴火などの状況を地図や写真を交えて紹介している。最新版は2013年（平成25年）の第４版で、全国を７地区に分けて３分冊とした充実した内容となっている。

多くの人は今後の噴火の可能性が高いとみられる火山のことを

図８　日本の活火山

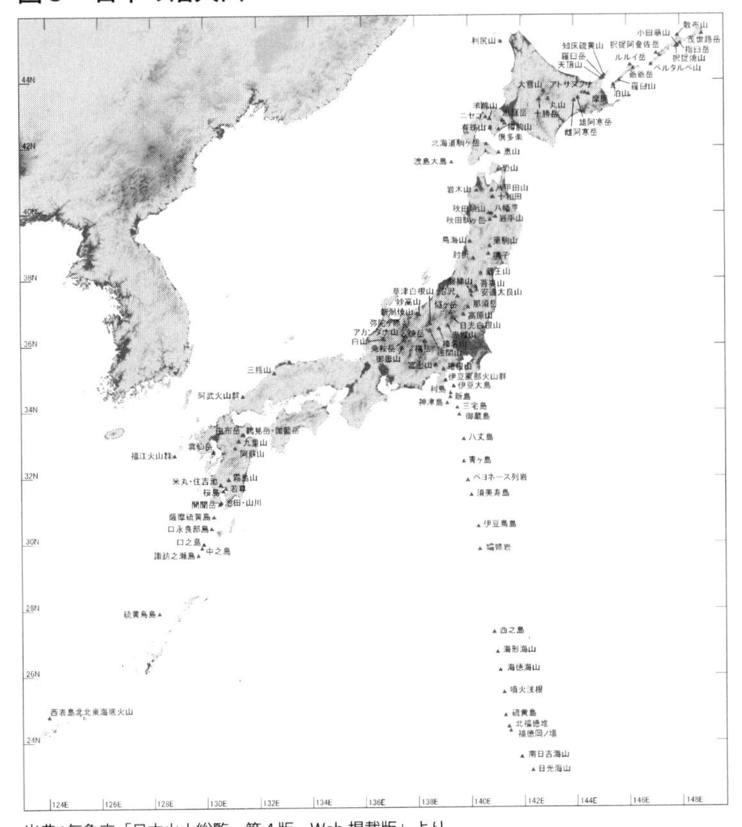

出典：気象庁「日本火山総覧　第４版　Web 掲載版」より
（https://www.data.jma.go.jp/vois/data/tokyo/STOCK/souran/menu_jma_hp.html）

解説：この図は気象庁が数年毎に改編を重ねている「日本活火山総覧」の第４版に掲載された図を引用した。「活火山」の名詞には公式の定義はないが、地質時代の第四紀に噴火したことが認められる火山を中心に、今後噴火の可能性が高い火山に用いられている。日本列島周辺では「活火山」とされうる火山が少なくないが、第三紀以降に噴火した火山は本図上よりはるかに多数が認められている。第四紀に噴火がなかった火山の多くには「活火山」の名は用いられていないが、これらの比較的近い過去の火山活動の痕跡とその火山噴出物は、全国いたる所で認められている。

「活火山」と呼称しているものの、活火山に明確な定義は確立されていない。この点は地震の議論でよく話題となる「活断層」と同様である。関係者たち個々の理解で「活火山」の名が用いられている(図8参照)。

火山学を包含する地球科学の現在の知識では、火山についての完全な噴火予知はできていない。噴火にある程度の周期性が認められる火山もあり、また、一部の火山ではある程度の予兆は認められるものもあるが、現状は火山噴火の予知は不可能と言わざるを得ない。この点は地震の予知ができないことと同じで、地球科学の現状は調査も研究も未だに極めて不十分であることを物語っている。

火山噴火に伴う災害

日本列島での火山の噴火による災害は古い時代から近年に至るまで多く知られている。しかし古い時代の災害の記録には不明確なものが多く、また記録が乏しくて実態がわからないものや、地域的に記録の乏しい地域もある。このような状況ではあるが火山噴火に伴って人的被害に及んでいる主な災害を表6に取りまとめた。火山の噴火は地殻変動の中でも特に人命に関わる災害になりやすく、溶岩の流出や噴火の際に空中に放出される火山砕屑物による災害は重視する必要がある。火山灰など空中に放出された諸々の火山砕屑物の研究も進められ、近年ではこれらの空中放出物は「テフラ」と一括して呼ばれている。

火山砕屑物、テフラが地上に堆積したことによって起こる災害にもさまざまなものがある。火山の噴火で空中に放出された岩塊などの重量のある物は火口の周辺に落下して不規則に積み重なる。そうした岩塊はやがて崩壊するが、この崩壊が山腹斜面を降下する火砕流を起こす。火砕流の例は数多く知られており、1990年に始まった長崎県の雲仙普賢岳の噴火に伴って起こった火砕流は記憶に新しい。一方、重量の軽い火山灰などのテフラは空中を浮遊した後に地上に落ちて堆積する。浮遊の間にそれぞれの重量などによって選別されてそれぞれに層をなす。細粒のテフラは粘土化して不透水層となり、粗粒のテフラは砂状の層を作って透水層または滞水層を作り地下水を通すが、雨や雪など天水の豊かな我が国ではこれもまた災害の原因にもなっている。

噴火を重ねている火山周辺ではテフラ起源の粘土層と砂層の累積がよく見られるが、このテフラの累積が起こした災害の典型は、2018年に起きた北海道胆振東部地震（M＝6.7、深度：37㎞、最大震度：7）で認められている。胆振地域では現在も噴火を続けている樽前山を筆頭に数多くの活火山が噴火を繰り返しており、これらの火山群からのテフラの重なりが地表部分を覆っている。その胆振地方に震度6～7の大地震が発生した。この振動で丘陵地の斜面を覆っていた、滑り易い粘土層と潤沢な地下水を含んでいたテフラなどの累層が一斉に崩落するという災害を起こしている。

空中を浮遊して堆積したテフラの堆積は全国的にさまざまの場所で認められている。その好例に関東平野を広く覆っている関東ローム層がある。関東平野は北側に那須火山から日光の火山群、西側は富士山や箱根山の火山群と、北と西に火山群があり、これらの火山群から供給されたテフラが広く厚く関東の平野を覆い、現在の関東ローム層を形成している。また関東ローム層の中には３万年弱前のテフラ、鹿児島の姶良カルデラ火山のテフラが挟まっている地点もあり、テフラが風によって遥かな遠方まで及ぶことを示している。

第三紀中ば以降の日本列島では地殻変動の活発化に伴って多くの火山の噴火があった。数々の噴火の痕跡からそれらは明確な事実で、2022年現在認定されている110の活火山の数倍、あるいは数十倍に及ぶ数多くの火山が噴火し、大量の溶岩とテフラが山を作り、平野を埋めていった。また続く第四紀（260万年前から現代まで）も多量の火山噴出物を出した火山は全国的に認められている。

表6　大きな災害をもたらした火山の噴火

火　山	地　域	噴　火	噴火の形と主な災害の主因
十勝岳	北海道	数十万年前―現代	m & s、火砕流
大雪山	北海道	数十万年前―現代	m & s、山体崩壊と火砕流
有珠山	北海道	数万年前―現代	m & s、ms、山体崩壊、泥流
北海道駒ケ岳	北海道	数十万年前―現代	m & s、山体崩壊、火砕流、泥流
恵山	北海道	数万年前―現代	m & s、山体崩壊、泥流、火砕流
渡島大島	北海道	数千年前―現代	m、山体崩壊、大津波
八甲田山	青森	数万年前―現代	m & s、17以上の溶岩ドーム、火砕流
鳥海山	秋田・山形	数十万年前―現代	m & s、泥流
蔵王山	宮城・山形	数十万年前―現代	m & s、泥流
吾妻山	福島・山形	数十万年前―現代	m、ｍｓ、泥流
安達太良山	福島	数十万年前―現代	ｍ & ｓ、火砕流
草津白根山	長野・群馬	数十万年前―現代	m & s、草津温泉に影響
磐梯山	福島	数十万年前―現代	m & s、大火砕流
浅間山	群馬・長野	数万年前―現代	m、火砕流
焼岳	長野・岐阜	数万年前―現代	ｓ、火砕流
富士山	静岡・山梨	数万年前―現代	m、山体崩壊
伊豆大島	伊豆諸島	数万年前―現代	m、ｍｓ
三宅島	伊豆諸島	数万年前―現代	m、ｍｓ、火砕流
青ヶ島	伊豆諸島	数千年前―現代	m、ｍｓ
明神礁	伊豆諸島	数百年前―現代	海底噴火、1952年第五回洋丸遭難
伊豆鳥島	伊豆諸島	数百年前―現代	m、ｍｓ、住民全滅
阿蘇山	熊本	数万年前―現代	m、ｍｓ
雲仙岳	長崎	数十万年前―現代	m & s、ｍｓ、山体崩壊、火砕流
霧島山	宮崎・鹿児島	数十万年前―現代	m、ｍｓ、20あまりの火山体
桜島	鹿児島	数十万年前―現代	m、火砕流
口永良部島	鹿児島	数千年前―現代	m & s、火砕流

註：「噴火の形と主な災害の主因」について。ｍ：マグマ噴火、ｓ：水蒸気噴火、ｍ & ｓ：マグマ噴火および水蒸気噴火など、ms：マグマ水蒸気噴火。「主な災害の主因」は、いずれの火山の噴火も災害をもたらしているが、中でも主因となった噴火の形態。

本表は主として『日本活火山総覧　第４版』（気象庁、2013）のデータによる。

2章

日本列島の自然と原子力発電

1）原発導入時の危惧と誤算

放射性廃棄物を無視した日本

1950年代半ばに我が国が原子力発電を導入した時期、内外の原子力関係者の間では地殻変動、中でも地震の多い日本列島での原子力発電への危惧の声が高かったとの話をよく聞かされていた。この危惧は2011年3月の東京電力福島の大事故によって単なる憶測による危惧でないことを明らかにした。原発が大規模な天災やテロ攻撃に見舞われた時に起こり得る事態は、単に関連施設の破損だけで済む問題ではなく環境汚染問題にも及ぶものであり、広範囲な地域と社会に及ぼす影響は計り知れない。これらの事態は2011年3月の東電福島の大事故に伴う事例で実証されてしまった。

また、原子力発電を行えば大量の放射性廃棄物が発生することは1950年代半ばには先進諸国で既に認識されており、大きな課題になると見られていた。しかし我が国の原子力発電推進派の人たちは、これらの放射性廃棄物処分問題への配慮がまったくなく、あるいはあえて無視して原発の導入を行っている。

放射性廃棄物の処分、中でも高レベル放射性廃棄物の処分では10万年にもおよぶ長い期間、人の社会と高レベル放射性廃棄物を隔離しておかなければならない。この高レベル放射性廃棄物の処分問題が現在、日本だけでなく海外諸国すべての原子力発電の大きな課題になっており、困惑の種になっている。しかし我が国ではこの問題への認識は現在もなお低い。

2022年からのロシアのウクライナ侵攻に伴い、天然ガス等の供給不安から原子力発電の復活が内外で論じられ、我が国でも盛んである。海外での多くの原発復活論では原発の復活と共に高レベル放射性廃棄物の処理と処分が議論されている。一方、我が国では単純な原発復活論だけが論じられ、地震多発地帯にある日本列島での高レベル放射性廃棄物問題の困難は無視されている。国と電力、さらには政権政党の関係者は高レベル放射性廃棄物の処理と処分問題へ議論が波及することを恐れて、故意に単純な議論を展開しているのであろう。

原子力発電の主要工程であるウランの採掘から発電に至る工程を極めて大胆に短縮すると以下の３項となる。

A）地下資源であるウランの採掘と精錬、ウランの同位元素のウラン235の濃縮

B）原子力発電所による発電

C）放射性廃棄物、特に使用済み核燃料、つまり高レベル放射性廃棄物の処理と処分

これらの工程のうちA）の採掘から精錬は我が国内にウラン資源が乏しいことから海外からの供給に頼らざるを得ない。しかしウラン235の濃縮からB）およびC）の工程は、経済的にも道義的見地からみても日本国内で行われなければならない。

ウラン235の濃縮は原子力発電を行う電力会社によって設けられた濃縮工場で既に行われている。また、国内各所に設けられた原発によって利用され操業しているが、安全性などの問題で計画通りの発電が行なわれているとは言い難い。

使用済み核燃料と「核燃料サイクル」

1950年代以来の国の方針として、使用済み核燃料はその全量を再処理して「核燃料サイクル」構想に供することとしている。「核燃料サイクル」構想については第３章でその経緯を説明するが、既に建設された再処理工場が未完成であり、再処理で抽出されたプルトニウム等を主燃料とする原子炉、高速増殖炉「もんじゅ」の試みが各種のトラブルでついに廃炉と決定され、廃炉作業が進行中である。この状況下で我が国の「核燃料サイクル」機構は失敗したと断ぜざるをえない。しかし我が国では現在も「核燃料サイクル」構想自体は放棄されたともいえない宙に浮いた状況が続いている。

海外の数カ国でも「核燃料サイクル」構想は企画されてその一部は高速増殖炉の建設にまで至っていたが、そのほとんどが失敗となって大部分の構想は消去されている。このため多くの国では使用済み核燃料を含む高レベル放射性廃棄物は再処理など行わずに廃棄処分することにし、地下深部の安定した堅硬な岩体中に処分することを計画している。しかし10万年の間、使用済み核燃料を人間の社会から安定して隔離する保証は容易ではなく、多くの国が処分計画を検討中ではあるが、具体化された計画は北欧のバルト楯状地を持つフィンランドとスウェーデンの２カ国のみで、原子力発電を行っている諸国の難問となっている。我が国では上記のように「核燃料サイクル」構想の主要工程である再処理と高速増殖炉の失敗から、事実上、この構想は断念せざるを得ない状況であるにも関わらず、その去就は保留のままになっており、したがって使用済み核燃料の処理・処分問題は宙に浮いたままになっている。

2) 原発とその立地の安全性

原子力発電所施設の安全性

原発は水を熱して水蒸気を作りタービンを回して電気を作る火力発電の一種といえるものであり、熱源を原子炉内で発生させる核分裂によっているものである。核分裂を起こすウランなどを核燃料として数年間にわたって燃焼して使用された核燃料には、多種の核分裂生成物が発生している。核分裂生成物には強い放射能を持つものが多く、この中には長寿命の核種も少なくない。これらの放射性物質は気体・液体・固体いずれの形態のものがあり、原発ではこれらの放射性物質が原発の施設外へ散逸することを防止するための多くの機構が設けられている。さらにこれらのすべてを覆う気密性の原子炉建屋が設けられており、建屋内の空気圧は常に負圧とされて放射性物質の建屋外への散逸防止を図っている。放射線が人などの生体に与える悪影響は現代においても不明確な点が多いことから、原発はどのような事態においてでも放射性物質の原発施設外への散逸防止が厳重に図られている。これらの施設がその機能を完全に果たすためにはそれぞれの機構が破壊されることなく維持されることが必要であることから、原発の立地は「安定した、堅硬な地盤」であることが必要とされる。

2001年にアメリカで起こった同時多発テロ以降、テロ行為による原発への攻撃で各機構を構成する施設が破壊される可能性があるとして、海外諸国ではテロ対策施設の増設が叫ばれ、逐次、増設されている。我が国でも「特定重大事故等対策施設」(略称「特重施設」)の名称で、同等の設置が2013年から施行されている。我が国でテロ行為が起らないとは言えないが、特に日本列島ではテロに匹敵する同程度の深刻な可能性を持つ要件として天災、中でも大地震がある。仮にこの特重施設が2011年の東電福島に設けられており、その機能が十分に働いていたとすれば2011年のマグニチュードが9.0の巨大地震においてでも炉心溶融や原子炉建屋の爆発という大事故にまで至らずに済んだであろう。

原子力関連施設の立地

原子力関連施設でどのようなトラブルがあったとしても、施設内で取り扱う放射性物質が施設から外部へ漏れ出せば環境汚染の原因となりうる。地殻変動の頻度が高い日本列島は地震などに加えて天水と豊富な地下水があり、これらが加わって環境汚染物質が急速に周辺一帯に拡散しやすい。このため原子力関連施設は放射性物質の施設外への漏洩を極めて重要な要件として漏洩防止策を講じているが、地震などの天災によって漏洩防止施設が破壊されてはこの目的を果たすことができない。このため原子力施設の立地はどこであれ「安定性ある地域」でなければならない。

しかし日本列島では過去から地震の影響のない地域はない。この現実にもかかわらず、1950年代の原子力発電導入時以来、立地の安定性の評価に関しては電力と規制機関である国の当事者達が苦心を重ね、ついには「原子力の安全神話」を生むことになった。以下では特に強い放射性物質を扱う施設として、原発と高レベル放射性廃棄物処分地について論じる。

原子力発電所の立地

地震国日本で原発の安全性を脅かす天災を考えるならば立地の安定性、つまり地震などを起こす地殻変動の可能性は最も重要な課題であるはずである。

原発の核心である原子炉は複雑かつ繊細な機構で構成されている。原子炉周辺では核分裂によって発生した多種で多様な放射性物質が存在し、これらの放射性物質が環境汚染を起こす事態を防止するために、原子炉建屋をはじめとする施設外への放射性物質の漏洩を防止する施設が設けられている。この機構を破壊する可能性を持つ天災で最も重要なものは地震であり、地震など地殻変動の予測は現代の地球科学では不可能である。前章の「日本列島の自然、その地質と地殻変動の記録」で紹介しているように、我が国では記録されている地震だけでも、表7で見る通り全国どこにおいてでも強い地震を経験している。地震だけでなく地形の変化など、過去の地殻変動の痕跡はいたる所で認められる日本列島である。

その一例として1964年に起きた新潟地震をみると、震源に近かった粟島では1.6m余りの隆起が一部に認められている。本書の図５、図７で紹介しているように、少なく見積もっても今後も同程度の地殻変動の可能性を覚悟しなければならない。さらに日本列島の自然は一部の地域に地震が多いわけではなく、表７に見るように全国のすべての地域で被害を伴う大地震を経験している。この日本列島の自然の中で「安定した、堅硬な地盤」の立地を得るのは至難の業である。人口稠密な我が国で広い土地が活用されていなかったはずはなく、すべて先人たちによって十分に利用されている。1950年代、にわかに始まった巨大な原発建設用地として立地が得られたのは「安定と堅硬」とは無縁の土地であった。このような現実を忘れて、あるいは忘れたふりをして日本は原子力発電を導入して現在に至り、今も稼動している。

東電福島の立地と安定性

巨大な発電工場である原発は、その中の一部に故障が起こっても大きな事故に発展してしまう可能性を秘めている。この一例が、東北地方太平洋沖地震とそれに伴う大津波で起こった、東電福島の外部電源喪失、つまりは原発という発電工場の停電であった。

我が国では大地震が起こると誰もがまず、停電と断水と火災を思い浮かべるが、東電福島の原発自体の停電が大事故に発展してしま

表７　1917年からの100年間に起きた被害を伴う地震（震央都道府県別回数）

都道府県	地震回数（註）	
	M≧7	7＞M≧5
北海道	13	4
青森	2	0
岩手	5	3
宮城	5	4
山形	0	0
福島	2	1
茨城	2	1
栃木	0	1
群馬	0	0
埼玉	0	1
千葉	1	3
東京	2	6
神奈川	2	0
新潟	1	6
富山	0	0
石川	1	4
福井	1	0
山梨	0	1
長野	0	7
岐阜	0	1
静岡	1	6
愛知	0	1
三重	2	0
滋賀	0	0
京都	1	0
大阪	0	0
兵庫	1	2
奈良	0	2
和歌山	0	1
鳥取	2	1
島根	0	0
岡山	0	0
広島	0	2
山口	0	1
徳島	0	1
香川	0	0
愛媛	0	1
高知	0	0
福岡	1	0
佐賀	0	0
長崎	0	1
熊本	1	1
大分	0	1
宮崎	4	3
鹿児島	0	3
沖縄	1	0
総合計	52	73

註：Mは地震の規模を表す指標マグニチュード、M≧7はマグニチュード7以上、7＞M≧5は5以上7未満の地震。本表は『理科年表 2018年版』のデータによる。なお集計上、震央が「三陸」となっているものを岩手県、「紀伊半島」を三重県、「日向灘」を宮崎県としている。

解説：本表は1917年（大正６年）から2016年までの百年間に日本列島周辺で起こった、被害を伴う地震としてM５以上の地震の震央、あるいは震央に近い都道府県の集計表。本表の通り、日本列島では記録が完備した直近の百年間に125回の強い地震に襲われている。この事実は，我が国では１年に1.25回の割合で、国内のどこかで被害を伴う地震が発生してきたことを示している。

った。この停電で巨大で繊細な機構のすべてがその機能を失い、ついには原子炉内にあった核燃料などの冷却ができずに、原子炉の溶融にまで進展してしまった。東電福島の原子炉の建設許可から操業に至るまで、1950年代末から行われれている東電福島の原発の安全性の検討ではこの「外部電源喪失」、停電についての議論は「あり得ないケース」とされている。当事者の電力会社と原発建設の認可の当事者である国の担当機関・当時の通産省も「停電」を安全性のすべてを脅かす可能性を秘めたものと考えず、停電問題への検討は行われていない。

原発はいずれの部分についても慎重な上にも慎重な設計が施されたうえで建設されたものであり、選ばれた運転員によって厳しい管理下で操業されている。この施設運営の前提として、原発の地盤には、堅硬であると共に地震などの地殻変動によって原発本来の機能が損なわれる懸念が少ない立地、つまり天災の恐れのない堅硬な岩石が地盤となり得る「安定した」立地が求められる。しかし、過去の我が国での原発の安全性評価で、原発の立地については、天災によって起り得る「原発の停電」は「起り得ないケース」として検討対象から除外されてきており、現在稼動中の原発においても同様である。

2011年の東電福島の大事故の原因は、事故当時の関係者の錯誤などによる人為的なものの前に、自然災害、中でも地震や津波にあり、それらへの対策が重視されるべきであった。さらに地震多発国である我が国での原発の立地選定では、慎重な検討が必要であったのに、それが欠けていたと言わざるをえない。我が国での原発の立地選定ではまず原発に必要な広大な敷地を確保し、次に立地に必要とされる重量物輸送上の条件に適合し得る立地を選んでおり、自然条件については現地の状況を可能な限り、特に地震については楽観的見解によって立地の妥当性を説明するという手順で進められてきている。現在、我が国で稼動している原発を含むすべての原子力開発の関連施設の立地選定の手順で「安全性に問題なし」と進められ、国の許可を受けて建設され操業されている。2011年の事故以降はほとんどの原発で補強や改良が行なわれてきているが、立地の改良などには及んでいない。現実の問題としていえることは立地の安定性の根本的改良は不可能ではある。

高レベル放射性廃棄物処分の立地

原子力発電に用いられた使用済み核燃料処分の立地選定は、地震国日本にとって原発より一段と深刻な課題である。加えて政策の問題､「使用済み核燃料はその全量をすべて再処理してリサイクル」するという半世紀も前に立てられた「核燃料サイクル」計画は現在も消滅されずに生きており、政策の面からも使用済み核燃料の処分問題は宙に浮いている。

使用済み核燃料には核分裂によって発生した多種多様の放射性物質が含まれ、この中に長寿命の放射性核種が含まれている。使用済み核燃料は高レベル放射性廃棄物と分類されるべき放射性廃棄物であり、その放射能が減衰して人に放射線障害を起こす可能性がない時期になるまで、人の社会から隔離しておくことが必要とされている。また、高レベル放射性廃棄物が放射能を持つ間は、核崩壊に伴う崩壊熱が発生することから常に冷却されていなければならない。使用済み核燃料は冷却を怠れば放射性廃棄物そのものの溶融をおこす可能性を秘めている。また、生物が近寄れば必ず放射線障害を起こす強い放射能を持っており、厳しい放射線管理を必要とする。したがって高レベル放射性廃棄物は管理から処分に至るまですべての工程で、人から隔離された状況下での取り扱いを必要としている。

これらの問題への対処が世界中の関係者を悩ませている点であり、原子力発電における重大な課題にもなっている。原発の立地の安定性を必要とする期間は50年から100年程度で済むことに対し、高レベル放射性廃棄物の処分立地が必要とする期間は10万年と長期になるとみられており、その間は、人の社会から隔離しておかなければならない。超長期にわたって「安定性のある堅硬」な立地を日本列島に得るのは、不可能だと言わざるをえない。

日本における原発立地への海外諸国からの懸念

先にも紹介したが私は1959年から1990年までの30余年を原子力畑の中で過ごし、その前半はウランの資源探査に従事していた。1970年代に入ってからは原発の立地問題と放射性廃棄物、中でも問題の多い高レベル放射性廃棄物処分に関わる検討に加わっていた。1970年代半ば頃からは原子力発電に関わる立地や放射性廃棄物の処分問題に、地質学が重要な役割を果たすとの議論が地質関連の学会などでは出始めていた。

この時期は私にとって原子力発電だけでなく、放射性廃棄物処分に至る原子力発電の全体像に関心を持たざるを得ない時期でもあった。1975年、放射性廃棄物に関連する国際会合にごく少ない日本人の一人として出ることになり、これまでの不勉強と国際的問題が多い原子力開発、中でも原子力発電への認識を新たにせざるをえない機会となった。また、これらの会合では国際原子力機関（IAEA）や経済協力開発機構（OECD）の参加国の一部の複数の出席者から、強い不愉快な思いをさせられて驚くことにもなった。

私が感じた不愉快は「地震国の日本で原発の地震時の安全性確保にどのような方策が執られているのか、原子力発電を行えば必ず発生する使用済み核燃料の処分はどうするのか、見通しがあるのか」との趣旨の発言と質問が多発したことにある。さらに一部の出席者からは「高レベル放射性廃棄物をカネの力でどこかの発展途上国に押し付ける目算でもあるのか」などといった悪意を含む発言も少なからず出されていた。その後も放射性廃棄物処分に関連する会合では、この種の発言が海外の出席者によって必ず持ち出され、繰り返された。

これらの問題に対して我が国の内部では、原子力施設の地震対策などに明確な対処は行われることもなく、諸外国からの懸念や危惧に対してもお座成りの対処ですり抜ける方策ばかりが続けられている。特に高レベル放射性廃棄物処分についての話が国内の会合では空論ばかりが繰り返され、なんらの結論も進展もなく時ばかりが過ぎ、この状況は今日に至ってもなお続いている。

私などが海外の原子力関係者たちの我が国への意地の悪い声を聞かされていた1970年代、高レベル放射性廃棄物処分の見通しがついていた国は一つもなく、この状況は現在もあまり変化していない。今にして思えば我が国の対応の遅れは海外諸国においても同様であり、当時は金持ち国とみられていた日本への八つ当たりが多かったのかもしれない。僻みや妬みはとにかくとして、我が国での原子力発電の導入が、地震の多い日本列島の特性を無視して行なわれたことは確かで、その点では的を射た批判であった。

日本列島の断層帯と原子力発電所

日本の原発の立地条件は、この列島の中でも安定性の高い地域、つまり地震をはじめとする地殻変動の可能性が低い地域であるべきであろう。しかし従来から行われてきた我が国の原発立地選定の経緯をみると、地殻変動の可能性も基盤となる岩石の性質もまったく考慮されていない。立地選定はまず広大な敷地が選ばれ、次に立地に必要とされるいくつもの条件、たとえば原発に必要とされる大型機器の輸送や冷却水の確保の利便が図れることが立地選定の要点とされてきている。一方、立地の安定性の基盤になる岩石の性質については、可能な限り楽観的な見解によって現状が説明され、いわば、作りあげられた「お話」によって立地周辺の人たちの合意を得ようと努め、原発の建設許可を得て進められてきている。

その結果として日本のいくつもの原発の立地は、地殻変動が明ら

図９　日本の原子力発電所

図上No.	発電所名	原子炉	
		炉数	型式
1	泊［北海道］	3	PWR
2	東通［青森県］	1	BWR
3	女川［宮城県］	3	BWR
4	福島第１［福島県］	6	BWR
5	福島第２［福島県］	4	BWR
6	東海第２［茨城県］	2	BWR
7	柏崎刈羽［新潟県］	7	BWR
8	浜岡［静岡県］	5	BWR
9	志賀［石川県］	2	BWR
10	敦賀［福井県］	2	PWR、BWR
11	美浜［福井県］	3	PWR
12	高浜［福井県］	4	PWR
13	大飯［福井県］	4	PWR
14	島根［島根県］	2	BWR
15	伊方（［愛媛県］	3	PWR
16	玄海［佐賀県］	4	PWR
17	川内［鹿児島県］	2	PWR

BWR：沸騰水型原子炉
PWR：加圧水型原子炉
＊2022年６月現在、建設中の炉は含まず

解説：我が国内の原子力発電所はそのすべてが、2011年３月の東京電力福島第一原子力発電所の事故以後は操業を停止していた。施設の改修を行ったうえで、一部の原子力発電所は稼動を再開している。我が国の原子力発電所はすべてが、冷却水の確保や重量物の輸送などの便のため、海に面した所に立地している。

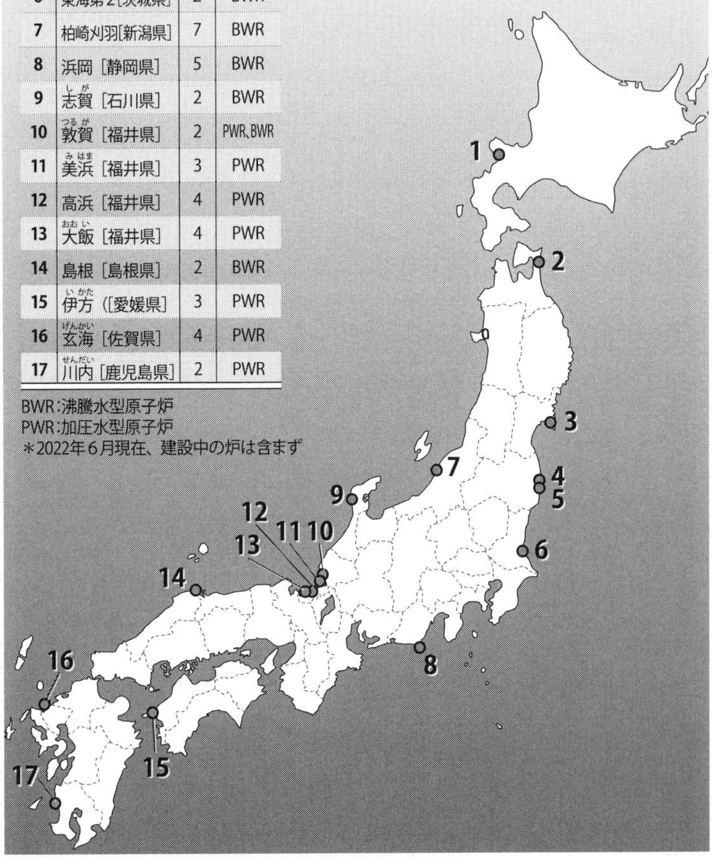

かに活発である実例と呼べる断層帯の近辺が選ばれている。たとえば主要断層帯であるフォッサマグナ近くに建設されたものとして、中部電力の浜岡原発があり、中央構造線至近には四国電力の伊方原子力発電所がある。我が国の原発の立地の一例として紹介したい。

フォッサマグナと浜岡原子力発電所（中部電力）

フォッサマグナは日本列島の本州を東西に分断している、日本海に面した新潟県の糸魚川から太平洋に面した静岡市付近に至る南北の断層帯である。この断層帯の南延長上に展開している駿河湾を目前にした御前崎近くに、中部電力の浜岡原子力発電所がある。浜岡原発が設けられている立地は太平洋に面した低地で静岡県南部にあり、内陸から太平洋に向かって櫛の歯状に南流しているいくつもの中小河川のうちのひとつ、菊川の河口堆積物地帯にある。この原発立地の地形は明治初期に陸軍の陸地測量部が製作した５万分の１地形図にも示されているが、現在の地形図と比較すると河川の流れが異なるなど、過去の百年間に地形が著しく変っている河口堆積物特有の地域である。河口堆積物は固結度の低い砂と礫の堆積物、いわゆる沖積層であり、沖積層の下で基盤となっているものは第三紀中新世後半に浅い海底に堆積したとみられる砂岩と泥岩よりなる堆積岩である。基盤ではあるが中新世末も近い時期に形成された若い堆積岩で決して堅硬な岩石とはいえない。この事実は岩石の密度と密接に関連する弾性波速度に示されており、図11に見られるように他の原発の立地に比較しても低く、固結度の若い岩石であることを

図10　フォッサマグナと浜岡原発、中央構造線と伊方原発

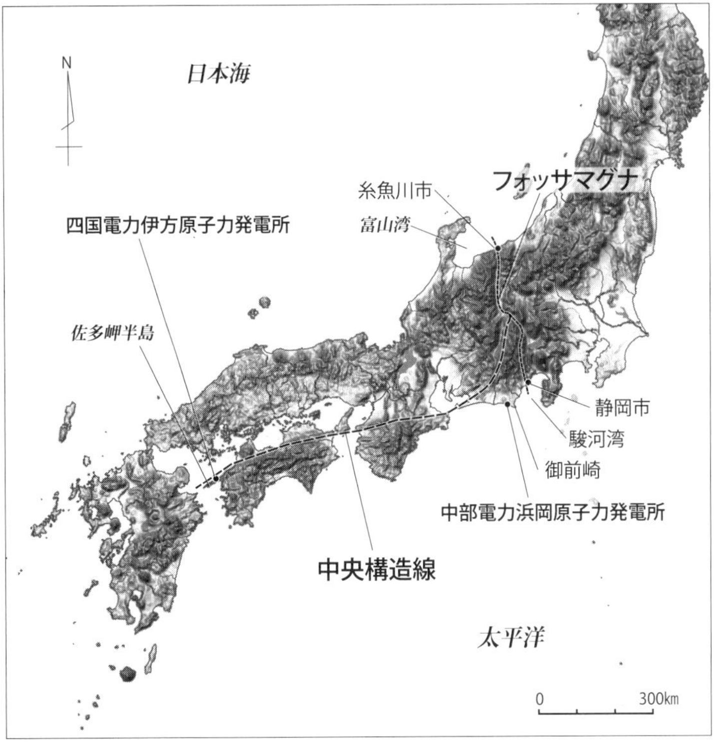

出典：国土地理院ウェブサイト、地理院地図 Vector（https://maps.gsi.go.jp/vector/）をもとに作図

解説：浜岡原子力発電所は本州中部、駿河湾に突き出た御前崎の西９㎞程の太平洋岸に立地している。駿河湾は日本海の富山湾とともに我が国で数少ない深い水深の湾入である。駿河湾海溝などとも呼ばれる中央部では２千mあまりの水深で知られている。駿河湾の海底地形はフォッサマグナの南延長が深く関係しているとみられる。浜岡原子力発電所から近い御前崎はフォッサマグナの南延長が目前にあると推測される地点であり、この地に原子力発電所が計画された当時から、この立地選定には驚かされている。

伊方原子力発電所は四国の西北端、愛媛県下の佐多岬半島が西に鋭く突き出た半島基部の北岸に立地している。佐多岬半島は我が国土での２大構造線の一つである中央構造線の南側にあって、半島の北斜面は急峻な斜面になっており中央構造線が目前に近いことを示している。伊方原子力発電所の立地は、この北斜面直下に位置しているところから、中央構造線上に原発が建設されるのではないかと大変驚かされた。

示している。

御前崎がフォッサマグナの大断層帯の至近にあることを併せ考えるならば、過去に多くの地殻変動がこの地を襲ったことは容易に予測される。浜岡原発の立地の検討において、菊川の上流、浜岡原発の内陸側にあたる北方の古いお寺で、地震そのものの記録はなかったが、竈の中に海の魚、鯛がはねていたとの和尚さんの記録があり、大津波がこの地まで到達していたことを示すものとして記録に残されていた。浜岡原発のある場所は、安定性と堅硬な基盤を必要とする原発立地の条件である安定性の面からはほど遠い。地震国日本の中でも二大断層帯であるフォッサマグナの目前の立地では、高い安定性、つまり大地震の可能性が低い立地を期待することは不可能である。

中央構造線と伊方（いかた）原子力発電所（四国電力）

中央構造線と名付けられている大断層帯は、その西部、四国でほぼ東西に直線上に延びており、日本列島西部で南の太平洋側と北の瀬戸内海側とを分断している、フォッサマグナと同等の大きさをもつ断層帯である。中央構造線はフォッサマグナの断層帯上の諏訪湖付近から分岐して初め南方向に、やがて西南西に曲って伊勢湾を横断、紀伊半島北部を横断して四国北部では直線状に東西に延びて瀬戸内海の海岸線沿いに豊後水道に達している。四国の大河である吉野川は中央構造線沿いに流れており、地形が地質の弱線である中央構造線の存在を示している。この有様は東京と南九州方面を結ぶ航

図11　我が国の原発立地の岩石と弾性波速度

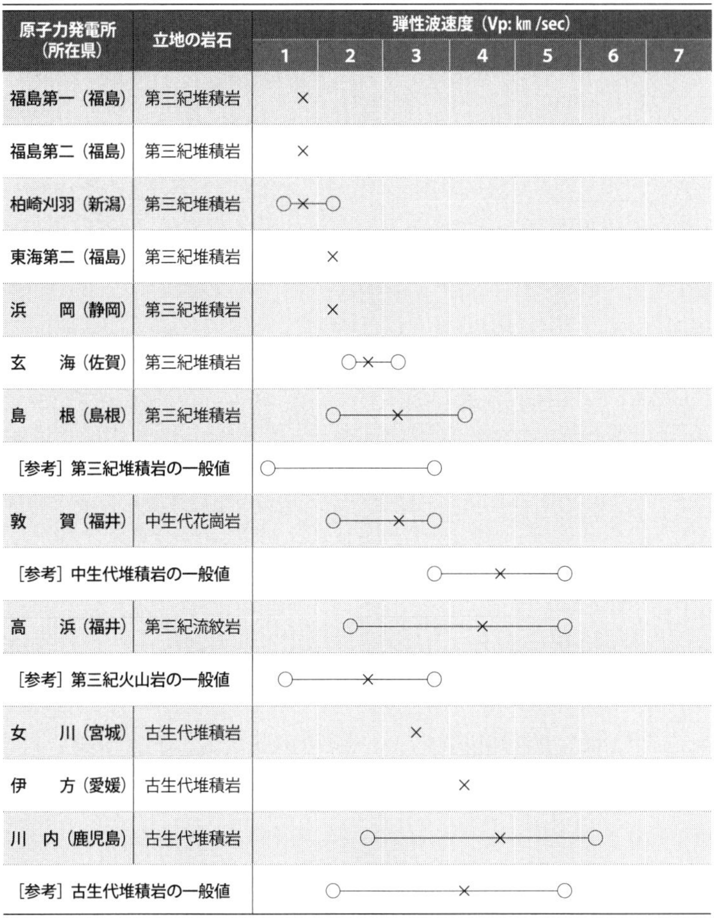

原子力発電所（所在県）	立地の岩石	弾性波速度（Vp: ㎞ /sec）						
		1	2	3	4	5	6	7
福島第一（福島）	第三紀堆積岩	×						
福島第二（福島）	第三紀堆積岩	×						
柏崎刈羽（新潟）	第三紀堆積岩	○—×—	—○					
東海第二（福島）	第三紀堆積岩		×					
浜　岡（静岡）	第三紀堆積岩		×					
玄　海（佐賀）	第三紀堆積岩		○—×—	—○				
島　根（島根）	第三紀堆積岩		○——	—×—	—○			
［参考］第三紀堆積岩の一般値		○——	———	—○				
敦　賀（福井）	中生代花崗岩		○——	—×—○				
［参考］中生代堆積岩の一般値				○—	—×—	—○		
高　浜（福井）	第三紀流紋岩		○——	———	—×—	—○		
［参考］第三紀火山岩の一般値		○—	—×—	—○				
女　川（宮城）	古生代堆積岩			×				
伊　方（愛媛）	古生代堆積岩				×			
川　内（鹿児島）	古生代堆積岩		○——	———	—×—	———	—○	
［参考］古生代堆積岩の一般値			○——	———	—×—	—○		

註：データはそれぞれの原子炉設置許可申請書の記載による（地質年代は本書表１参照）。

解説：岩石の弾性波速度は、岩石の緻密さと完全に一致するとはいえないものの、測定も推測も実測が難しい大きな三次元の岩体の緻密さへの指標として使われている。我が国の岩石の弾性波速度は、過去に頻発した地殻変動による亀裂や、地下水との接触などによる変質で、海外での数字より低い値が一般的に認められる。原子力発電所建設に先立って作成される「原子炉設置許可申請書」の多くでは、立地で重要性の高い岩石の弾性波速度が記載されており、本図ではそれらの一部を抜粋した。

空路線から、天気に恵まれたときには明瞭に見られる。

伊方原子力発電所は四国の北西部に剣のように突き出た佐多岬半島の北側、瀬戸内海西部の伊予灘に面した急斜面の下に建設されている。佐多岬半島は幅数kmで、八幡浜市付近から西に長さ30km程に延びる極めて細長い特異な半島地形を見せている。中央構造線とその南で東西に並行している仏像構造線の間に帯状に分布する、古生代から中生代の古く堅い堆積岩が、佐多岬半島の特異な地形を形成している。

伊方原発は佐多岬半島の北岸、伊予灘に面している。伊予灘の佐多岬半島北側の海中には中央構造線が東西に走っていることが推測されており、伊方原発の北側目前を中央構造線が東西に走っていることになる。伊方原発は中央構造線と浸食によって形成された北北西に向いた急斜面の直下にある、テーラスと呼ばれるわずかな地形の上に建設されている。テーラスの粗しょうな堆積物の下に伏在する基盤の岩石は、古生代に形成された堅い堆積岩となっている。

近年でも中央構造線周辺では、何度も中・小の地震が発生しており、地殻変動の多い日本列島の中でも巨大地震の可能性の高い場所といえる。故に原発立地に求められる条件の安定性の面では、特異な条件下に伊方原発はある。

3章

原子力発電の過去と現状

1）原子力発電の利点と重大な欠点

原子力発電の３つの問題点

1950年代後半に我が国は、原子力発電を基幹電力の一部として導入することに決定している。この導入に際し、日本列島が地殻変動帯の中に位置しており、地震が多発する特殊な地域であることについて、十分な検討は行われていない。1950年代半ばは世界を二分しての東西冷戦下であり、我が国は1945年の敗戦以降、禁じられていた原子力開発が1952年のサンフランシスコ平和条約によってそのタブーが解けた直後の時期でもあった。また、この時期はいくつもの国で原発の建設が相次いでおり、世界の趨勢は原発建設ブーム下にあった。我が国土は石油や石炭などの化石燃料が乏しく、輸入に頼らざるをえず、かつ戦後の復興による著しい電力需要の増大が予想されていた時期でもあり、安定したエネルギー供給が可能な電力源として、我が国にとり利点の多い原子力発電の導入が急がれた。現在の日本でもエネルギー供給に多くの問題を抱えているが、中でも原子力政策の安全性に関わる深刻な問題などが山積している。主な問題点を要約すると以下の三項目に絞られる。

A）原子力発電所の天災対策

B）核燃料サイクル

C）高レベル放射性廃棄物の処分

将来的コストからみた原子力発電の凋落

2011年の東電福島の原発大事故後の近年、巨額の費用をかけて建設し稼動させてきた原発が、定められた運用期間を待たずに閉鎖される動きが出ている。このような傾向が見られる原因として、原子力発電全体での経済性の低下が挙げられる。また、2011年の東電福島で起こった大事故によって、原子力発電の安全性に疑問を持つ声が高くなり、この声に応じて原発の安全性向上についての国の規制が厳しくなったこともあげられる。事故からの規制だけでなく、高レベル放射性廃棄物の処分費用が膨らむとの予想など、発電コストの将来予測に陰りが見えることもこの傾向の一因となっている。一方で、高レベル放射性廃棄物の処分問題に関わろうとせず「後は野となれ山となれ」の姿勢で、無責任を決め込んでいる関係者達が多いことも現実である。

原子力発電の有用性と欠点

化石燃料などの地下資源が乏しい我が国にとって原子力発電は、その安全性を考えず発電だけに限ってみれば、これ以上有用なものはないと断言できるほどに有用なものといえる。さらに原子力発電の有用性は石油などに比較すればゼロともいえるわずかな量の核燃料の保有によって、数年程度の電気の安定供給が可能である。

これらの利点を持つ原子力発電だが、発電所の施設は精巧であると共に巨大であり、地震などの天災による破損が重大な事故につながる可能性は大きい。中でも熱源となる原子炉周辺には核燃料、原子炉、使用済み核燃料などの、状態も形態も多様な放射性物質がある。何度も繰り返すが、固体、液体、気体の放射性物質が施設外に漏洩してしまった場合、その完全な回収が不可能であることは、2011年の東電福島の事故が証明している。放射性物質を扱う施設はどのよう事態においてでも、たとえ施設が破損しても、施設外への放射性物質の漏洩が発生しえない施設でなければならない。これらの必要条件から原発の設計では、本来の発電施設に加えて、放射性物質の施設外への漏洩を防ぐための安全性が求められている。そして施設そのものが建設される地盤は堅硬で高い安定性が必要とされる。このためには施設の安定性を妨げる地震や火山活動などが過去から現在までない、あるいは少ないという条件で選ばれなければならない。

日本での大地震の頻度を見るならば、巨大であると共に繊細な機構で成り立つ原発で完璧な地震対策を行うことは不可能といえる。どのような天災や事故に遭遇した場合でも原発の安全性に問題を生じさせない対策を講ずるには、発生する地震の規模を予測する必要があるが、それが不可能である現実から完全無欠の対策は無理である。

これらに加えてさらに難題なのが、放射性廃棄物の処分問題である。次章で詳述するが、高レベル放射性廃棄物は発生後10万年の間、天災や人災などに遭遇した場合でも人の社会から完全に隔離され管理されていなければならない。したがって高レベル放射性廃棄物が処分される場所は、10万年の間に地殻変動の可能性が十分に低い立地が必要とされる。

　原発の安全性を維持できず、高レベル放射性廃棄物の処分もできない日本列島では、原子力発電所を稼動することは不可能であり、直ちに中止すべきである。

地震予測と地震対策のトリック

　現在の地球科学では地殻変動の発生を予測することはできない。地殻変動の予知ができないことは近年の大地震、たとえば2011年の東北地方太平洋沖地震をはじめとする地殻変動の大部分が、突如として起こったことによっても十分に事実として裏付けられる。しかし不思議なことに原発を建設する際にそれぞれの電力会社が作成し、国が許可した原子炉設置申請書では、周辺にある断層の状況から地震の発生ばかりでなくその規模までが予測されて取りまとめられている。我が国の多くの原発については、その立地地域で起こった過去の実際の地震について可能なかぎり触れず、いずれの原発も断層の状況などから導き出された地震予測とその地震対策によって設計され、建設されている。このトリックは地震が断層の活動だけによって起こるとする、地震の断層起源説を拡大解釈した前提によって仕組まれた、当時の通産省の独自のシナリオによって作り上げられたものである。

　私は学校を出てから数十年の間、ウラン鉱床の探査に従事し、いくつもの岩石で構成されている「地質」を実際に見て、その地の地質構造を考え、現在の地表状況に至るまでの変遷の歴史を推測し、地下資源の存否を推測し、確認する作業に携わってきていた。この私の鉱床探査での地質調査の経験から、地殻変動は地球の最表層部である地殻に生じた、大小さまざまな歪を是正するために起こる現象であり、これらに加えて、地殻の下にあると推測されているマントルなどで生じた異変などを起源として発生する、との推測に至っていた。すなわち地震は多種多様で複雑な地殻変動によって生じる現象の一つであり、地上で確認できる程度の断層の動きや破壊で生じるだけではない、ということになる（図12）。

日本列島では地殻変動が多いために断層はどこにでもあるといっても過言ではない。この一例となる寓話がある。地質学会の会長まで務めたある老先生が「竹藪のある所には断層があると思え」と地質の学生に教えていた。断層の周辺には断層そのものだけでなく岩石中に亀裂が多く、地下茎で繁殖する竹が根を張りやすく、竹藪ができるということである。老先生の教えからも、日本列島では竹藪も断層も同様に、どこでも存在している。この事実は過去から現代に至るまで、日本列島では地殻変動が繰り返されていることを示している。

2）原発立地の安全性審査への疑念

原発建設の審査と作られたシナリオ

我が国で原子力発電所を建設する際には、建設の企画者である電

図12　断層と破砕帯

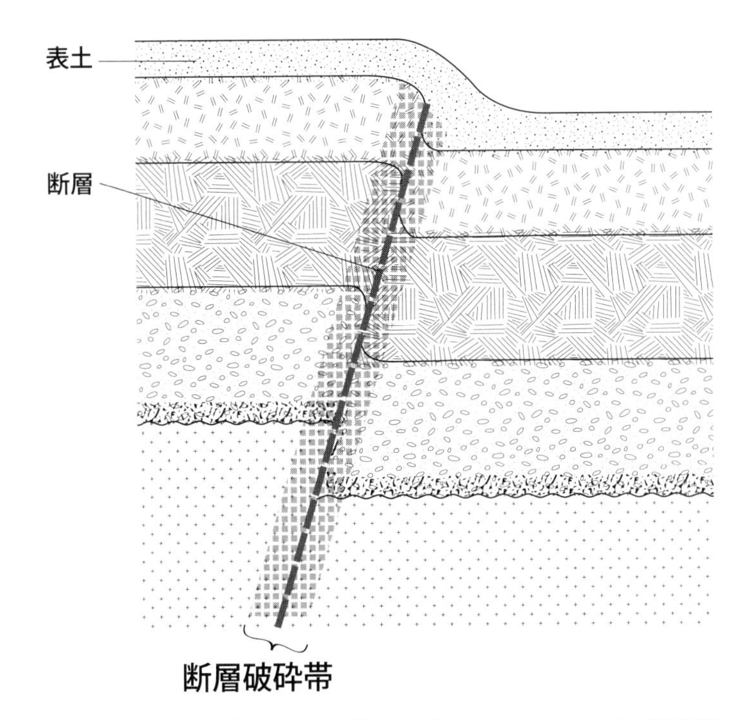

解説：断層も破砕帯もともに地殻を構成する岩石に認められる亀裂である。これらは地殻変動による地殻の歪によって発生する。亀裂発生の際に連続していた岩石が分断され、相対的に動き、連続していた相互の位置に変化が生じたものが断層である。多くの場合、断層においても亀裂においても、亀裂に面した双方の岩石が砕かれて、断層破砕帯などが発生する。

力会社が「原子炉設置許可申請書」と題した膨大な申請書を添えて国に申請し、国の許可を受ける必要がある。この許可は国の機関として電力を総括していた当時の通産省、現在の経済産業省がこの任に当たっている。2011年の東電福島での大事故以降は原子力規制委員会がこの任を務めている。

1950年代の原子力発電の導入当初、通産省の許認可の担当者は困惑したであろうことが容易に想像される。電力会社などからは原子力発電を強力に押し進めようとし、政治家からも早急な許可を迫られていた。通産省の傘下にある地質調査所では、我が国土は地殻変動が活発で地震が多いという事実は十分に認識しており、当然ながら、原子力発電の我が国への導入で多くの問題が予想されることに、十分な認識を持っていたはずである。困惑の結果として、原発に被害を及ぼすような大地震は起こらないというストーリーを作らなければ許可は出せないと考え、このための工夫を凝らさざるを得なかったであろう。

まず、原発が破壊されるほどの大地震が起こらないことを説明するシナリオを作る必要がある。このために、地震発生の予測手段として断層との関連性に着目し、独特のシナリオが創作されたと思われる。1950年代当時において地震の発生原因については、断層地震説、火山性地震説、深発地震説などが数多く存在しており、「固有地震説」などといったものまでが加わって百花繚乱状態であった。地震発生の原因は現在においても断層のみではなく、また、依然として地震の発生予測は不可能なままである。地震の予測についての私の考えは、前述したように、地殻変動に伴って発生する種々の現象の一つが地震であり、断層もその現象の一つであるとみている。地殻変動の発生原因は地殻などの歪みを直そうとする現象の一つである。

予知・予測不能な地震と安全神話

通産省の地震予測シナリオは特に明記されたものはないが、原発建設のための「申請書」を読む限り、「地震の発生とその規模は原発立地周辺に認められる断層の規模と性状によって推測し得る」としたシナリオで貫かれている。しかし肝心の地震の予測が可能か否かについては、このシナリオはまったく触れていない。通産省、あるいは通産と電力の合作かとみられるこのシナリオ作成の経緯は、すべて私が推測したものであり、何の証拠も残されていない。しかし地震の発生予測ができないことは事実であり、数々の地震が予測されずに突如として発生しているのが現実である。

想定外の地震の発生という事実が多々起こっているにも拘わらず、原発の建設は許可されて稼動している。「断層の規模と性状によって地震の規模まで予測できる」という独特のシナリオは否定されることなく原発建設に利用されてきた。安定性のある地盤の上に原発は建設されるものと認められて「原子力発電所の安全性は確保される」として、国によって許可が与えられた。昨今では一旦停止した原発の再稼動までもが許されている。2011年の大事故で「原子力発電の安全神話」が表面上は崩壊したかと見られているが、実態は崩壊していない。

「神話」の原点となった地震予知シナリオが今なお完全に活きており、これによって建設された原発は現存し、稼動している。一方、我が国の政治家達や国、電力の関係者達も近年では原子力発電が絶対に安全であるとは誰も言っていない。

原発立地の安全性審査

1981年、私は在籍していた動力炉・核燃料事業団（略称：動燃）から、当時の科学技術庁が管轄していた原子力安全委員会（2012年より原子力規制委員会）への出向を突然、命じられた。動燃はその前身の原子燃料公社設立当初から科学技術庁の管轄下にある特殊法人として、年毎の予算の大部分が科学技術庁経由の国の予算によって賄われていた。この出向での私の仕事は、原子力施設を建設するために国が行う建設許可の一環で、原子力安全委員会の必要な審査の中で、通産省で許可を妥当と認めた申請を原子力安全委員会が「了承」することに関する、地球科学関連部分の審査を担当することだった。私が科学技術庁に出て驚いたことは、原子力安全委員会事務局の中で私が唯一人の地球科学を知る者であり、私の前任者はおらず、過去の「了承」はそれでも適宜に処理されていたという事実だった。

何はともあれ私は２年あまりにわたりこの業務に携わることになった。この間は原子力安全委員会の審査に当たる者として私の身分は国家公務員とされ、現在もこの２年間の科学技術庁勤務に対応する国家公務員共済年金として月額１万円余りが支給されている。1981年当時の原発設置許可は、電力会社が作成した「原子炉設置許可申請書」を、国の窓口としてエネルギー関連業務を総括していた通産省に電力会社が申請する形式が取られていた。「原子炉設置許可申請書」は通産省が審査して必要な修正を行ったうえで、妥当と判断された「申請書」を原子力委員会と原子力安全委員会に諮問して、両委員会の「了承」を得た上で通産省が国として許可することになっていた。

我が国の原子力開発初期といえる1957年から14年間、私の仕事は「日本国内にウラン資源が存在するのか、どれだけのウラン資源があるのか」を目的とした調査にあった。このため私は九州から北海道までの各地で、数十人の仲間たちと共に、ウラン鉱床の可能性があると見られる地域の鉱床探査に従事していた。14年間の後半には日本国内ばかりでなく、北米数地点のウラン資源の共同開発を提案された鉱山の評価などにも参加していた。したがって私は1981年までは、フィールドワークとよばれる野外調査を中心としたウラン鉱床調査を専門とする“地質屋”として勤めてきており、原発立地の安全性評価にはまったく無関係であった。このため私は原子力安全委員会に赴いてからの数カ月間は、1981年までに原発の設置許可を原子力安全委員会が「了承」したとする文書に目を通すことに専念した。

その時点の私は原発立地の安定性について充分な知見を持ったわけではなかったが、原発の核心である原子炉は安定性の高い堅硬な地盤の上に建設されるべきものである、とする程度には、原子力に関係していた地質屋の一人として認識していた。電力会社が計画した各原発がその設置のために提出し、通産省が必要な修正を加えた「原子炉設置許可申請書」を通読した私は、そのいずれもが膨大な文書で、大型ファイル数冊にも及ぶことにまず驚かされた。

原発立地と地震の可能性予測への違和感

各原発毎に作成されていた申請書はそのすべての冒頭部分において「地質」が極めて重要視され、詳細な記述が行われていた。「地質」というものが一般の話題に乗ることの少ない我が国では「申請書」に盛り込まれた極めて詳細な地質の記述は珍しく、私は意外の感を持たされた。申請書では原発の中核となる原子炉が置かれる基盤の安定性は重要なことであり、当然のこととして原子炉をはじめとする原発の全ては安定した基盤の上にあり、想定される地震が起こり得るものであることを前提として設計されることになっていた。申請許可の重要な判断材料は、すべての原発の立地で、立地地点の地質とその地盤の安定性から、原子炉稼動中に起こり得る「地震とその規模」の予測にあった。そして地震の予測にはいずれの原子炉の立地地点でも、立地地点周辺で認められている断層の長さと過去の動きなど断層の活動状況を詳細に調べることによって、地震の可能性と規模が予測されて整然と取りまとめられていた。

上記のように申請書は膨大な冊子となっていたが、申請書の中でも立地地点の地質に関する記述は最重要事項として多くの紙面を占めており、申請文書には詳細な地質図と地質調査報告が記載されていた。原発立地に詳細な地質学的検討は当然行われるべきであり、この検討が行われていた事実は、私にとっては予想以上に好ましい傾向として驚くと共に、地震の予測が断層の性状による予測によって明確に行われていることに奇異の感を強く持った。一連の「原子炉設置許可申請書」に記載されている地震の可能性予測は、「地震は断層が動くことによって起こるものであり、地震の規模は原発予定地周辺の断層の規模と性状による」との概念が基礎になった断層地震説によってまとめあげられていた。このための立地周辺地域の断層の長さと活動状況については詳細に検討されて、今後の地震への予測に供されていた

そして申請された原発はそのすべてが原子力安全委員会によって「了承」され、同様に原子力委員会に「了承」され、国による許可が下りて建設され、稼動されている。

不可能な地震予測に成り立つ原発

1981年までの私は地表の岩石を実際に野外で見て表層の下の地質とウラン鉱床の有無を推測するという作業を経験してきていた。地震の規模の予測が断層の長さによって行われていることには私にとって想像もしていなかったものであり、日本の地震学がいつの間にこのような飛躍的進歩を遂げて、地震発生の可能性ばかりでなくその規模までの予測が可能になったことには大いに驚かされ、次に強い疑念を持った。

地震の発生時期やその規模の予測は、1950年代においても、また1981年当時も、また現在においてでも、不可能であるという事実は変わらない。にもかかわらず、原発建設の許可が事実を遥かに越えた大胆な概念によって行われていることに驚かされた。

一度は驚かされたが、現実に地震の予知がこのような形で可能になったとは考えられず、この飛躍した予測を前提として原発が建設され、すべての機器の設計までもがこの予測を基礎としている事実に強い危惧を感じた。しかし1981年当時、既に多くの原発が各地で建設され稼動しており、これらの問題を世間に明らかにするだけでは単に混乱をひき起こすだけになると考え、躊躇せざるを得なかった。このため私はしばらくの間は悶々としていたが、この問題を打開する手始めとして「すべての地震は断層が動くことによって起こる」とする概念がどのような経緯からできあがったのか、その根拠は何に依っているのかを調べることにして、科学技術庁から程近い国会図書館に通うことになった。

想定概念からの予測と建設許可というシナリオが作り上げられた経緯自体についての、私の調査は残念ながら途中で切り上げざるを得なかった。しかし、このシナリオはその後「原子力神話」と揶揄されるようになったものの発端でもあった。地震が断層の活動によって起こるとする説は、以前から断層地震説などの名で知られていたものであったが、私が各種の文献や報告書をあさり回った調査の結果として「地震発生の原因は地殻変動によって起こるもので、地震は地殻変動によって起こる数々の現象の中の一つであり、断層の発生やその活動も、地震の発生やその規模も、それぞれが地殻変動に伴って起こる現象の一部である」とする従来からの考え方が最も妥当なものと確信した。この調査結果は、私がフィールドワークで得ていた概念と一致するもので、断層地震説がすべての地震の原因を包含するものではないことも明らかになった。

現実に崩された原子力発電の安全神話

再度確認しておくが1950年代から半世紀あまりを経た現在においても、地震の発生の場所、時間、その規模の予測は地球科学の現状ではまったく不可能である。

その不可能を可能とした仮説を原点として作り上げられたストーリー、お話、その詳細を埋めたシナリオで始まった「原子力発電の安全神話」は立地問題から逐次拡大されていったが、2011年３月の東北地方太平洋沖地震、東日本大震災でこの神話に盛り込まれていた数々のお話もシナリオもその多くが崩れてしまった。しかし今でも諸所に断層地震説を基礎とした考え方が残っており、完全に崩壊したかにみえる神話は未だに生きている。一見、理論的に組み上げられた原発立地の安定性は、現在も原発の設計基礎として用いられたままであり、原発の再稼動も進められている。

東電福島の事故は地震国日本でも稀なマグニチュード9.0という巨大地震とこれに伴う大津波が引金になっている。しかし原発の維持管理の面や安全性の確保など、関係者の錯誤や不十分な対応と、天災に人災が加わることで東電福島の大事故は起こっている。この大事故により、地震国日本で原発を操業することは危険と隣り合わせであることが明白になった。この大事故によって撒き散らされた放射性物質の完全な回収は目途もつかない。この事故が直接的にも間接的にも、極めて多くの人々にかけた苦渋、その迷惑は計りしれないものであり、地震国日本で第2、第3の東電福島の悲劇を繰り返さないためには、原子力発電は直ちに中止しなければならない。

3）核燃料サイクルの行き詰まり

核燃料サイクル開発の経緯

我が国が原子力発電を導入した1950年代後半には、海外の原子力関係者の間で核燃料サイクルを開発して、ウラン資源を有効活用しようとする機運が生まれ、盛んに議論されていた。1950年代末期は先進各国の原子爆弾開発が進み、プルトニウム（Pu）を用いたいわゆる長崎型のプルトニウム原爆は時代に取り残された、いわば流行遅れのものとなっていた。このため使用済み核燃料からPuを抽出する再処理工場が廃棄を待つ時期に当たっていて、その活用の一つとしても核燃料サイクルに活用したいとする動きがあったこともこの議論には伏在している。核燃料サイクルは使用済み核燃料を再処理してPuとウラン（U）235を抽出し、Puを主な核燃料とする高速増殖炉（英語でFast Breeder Rector。略称：FBR）を使って発電を行おうというものであった。我が国では国内に化石燃料資

図13　核燃料サイクルの概要

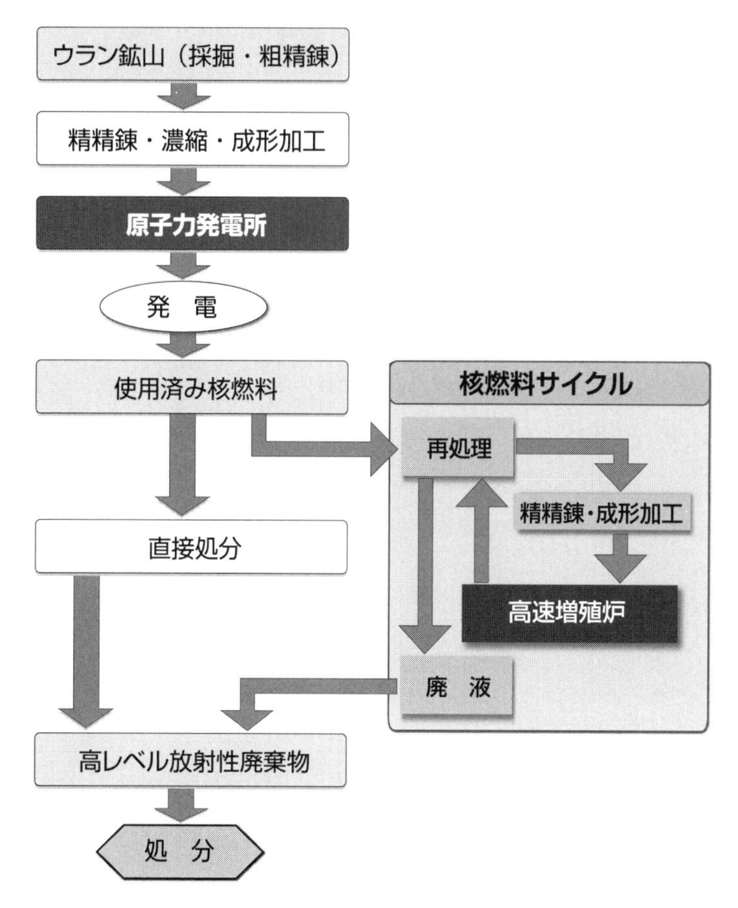

解説：天然ウランはウラン鉱山で採掘され粗精錬され、さらに精精錬される。核燃料に供される天然ウランは平均0.7％含まれるウラン235を２～５％まで濃縮し、原子炉によって必要とされる成型がおこなわれて、原子力発電に供される。

原子炉で核分裂を起こして発電に供された後の核燃料が「使用済み核燃料」である。我が国では使用済み核燃料はすべて再処理されて、核燃料サイクルに供されることになっている。再処理で出る廃液は多量で多種の核分裂生成物を含んでおり、高レベル放射性廃棄物とされる。

しかし我が国で再処理工場は未だ完成できず、高速増殖炉の開発も失敗し、核燃料サイクルの目論見は成立していない。高速増殖炉の原型炉「もんじゅ」は廃炉の途上にある。海外数カ国でも核燃料サイクルが企画されたが、我が国同様に失敗に終っている。

源に乏しいことから、エネルギー供給の安定化を図る一環として核燃料サイクルを活用しようとの目論見とその計画があった。私が在籍した特殊法人原子燃料公社でも1958年には、核燃料サイクルの最初の工程である再処理を行うための準備が始められていた。

再処理は、原子力発電所で熱源として使った使用済み核燃料を細断して化学的に溶解し、溶液からUとPuを抽出するものである。回収されたUもPuも核兵器の原料に供し得るものであるが、我が国では当然ながら核兵器を使う意思はなく、核燃料サイクルの開発は唯一の目的を核燃料の有効利用を図ったものであった。この考え方に沿って当時の原子燃料公社による再処理工場が茨城県東海村に建設され、各種の試験や検討が行われると共に試験操業も行われた。その後、電力各社によって青森県六ヶ所村に企業としての再処理工場が建設されて試験操業が行われることになったが、不具合が続出して現在においても操業には至っていない。

高速増殖炉の失敗

その後も我が国の核燃料サイクルへの動きは逐次拡大され、高速増殖炉（FBR）の実用化の検討が進められた。実用FBRの原型炉として「もんじゅ」と名付ける原子炉を開発し建設することになり、国と電力の出資による特殊法人動力炉・核燃料開発事業団（略称：動燃）が1967年に設立された。これらの動きに伴って設立後10年を経ていた原子燃料公社の業務は、動燃の一部として吸収されることになった。「もんじゅ」は完成後試験を繰り返したが、原子炉の冷却材に使われる高温で液状の金属であるナトリウムに取扱上の問題が多く、ナトリウム漏出による火災や点検のトラブルが続いた結果、FBR の開発計画は頓挫して「もんじゅ」は2016年には廃炉されることに決定された。

FBR の開発はフランス、アメリカ、ドイツ、ロシアなどでも行われていたが、そのいずれもが冷却材のナトリウムに起因するトラブルが多く、現存する FBR はロシアだけとなっている。その他はいずれもが失敗に終わり廃炉、ないしは廃炉の途上にあるなど、世界のほとんどの国で核燃料サイクル構想は事実上、崩壊している。我が国での核燃料サイクル構想では、再処理から FBR の開発とそのいずれもが失敗に帰している。しかしこの状況にありながら我が国の関係者の間では、未だに核燃料サイクル構想は消滅しておらず、今もなお「使用済み核燃料の再処理技術の確立」などの議論が行われているとの報道が時折、漏れ出ている。再処理によって回収される回収ウランと Pu は、核武装の意思のない我が国にとってまったく不要な物質であるとともに、テロの標的とされ得る危険な物質である。

先送りされる放射性廃棄物処理問題

電力の監督官庁や関連する政治屋などの関係者達は放射性廃棄物処分問題の解決が極めて難しいことを承知しており、この処分問題をできる限り先送りしようと策を練っている。しかし妙案は未だ出ておらず、使用済み核燃料の処分問題を先送りする方策の一つに再処理を利用しようとする考え方が伏在している。

放射性廃棄物処分に責任を負わなければならない電力会社も国も、放射性廃棄物の処分には無関係であるかのように装っており、放射性廃棄物の分類すらも曖昧なままにされている。使用済み核燃料を実際に再処理することになれば、現在破たん状態にある再処理工場の再建が必要となり、そのための時間を要し、解決時期はさらに先延ばしされることになる。この種の姑息な計算をして解決を先延ばしにしても、放射性廃棄物、とりわけ高レベル放射性廃棄物の処分は、原子力発電を行って利益を得ている電力会社がその全責任を負わなければならない。我が国がプルトニウム型の兵器を持つ場合以外は、使用済み核燃料の再処理はまったく無意味である。

4章

日本列島と放射性廃棄物

1）原発と放射性廃棄物

放射性廃棄物とは

1950年代後半に我が国が原子力発電を導入することになった際、原子力発電を行えば必ず、強い放射能を持つ使用済み核燃料が発生し、これらを中心とする高レベル放射性廃棄物の長期にわたる保守と管理が必要になるという事実は、故意に無視されたようである。原子力発電を導入してから半世紀以上を経た現在、放射性廃棄物、なかでも高レベル放射性廃棄物の処分問題は絶望的に深刻な状況にあり、原子力発電の今後の是非を問う重要項目である。

放射性廃棄物は、その放射能が充分に減衰し人などの生物に障害を与える恐れがなくなるまでの長い間、人の社会から隔離しておかなければならない。中でも強い放射能を持つ高レベル放射性廃棄物とされるものは、人の社会からの隔離を要するだけでなく、崩壊熱が発生するのでその放散のために常に冷却を要する、つまり人の労力と費用をかけた管理を必要とする物質である。

放射線と人などの生物との関係については国際放射線防護委員会、(International Commission on Radiological Protection 、略称：ICRP) を中心に世界中で検討が行われている。ICRPは国際原子力機関（略称：IAEA）や経済協力開発機構（略称：OECD)、アメリカ、ロシア、日本など多くの国からの助成によって運営されている国際学術組織で、放射線の人体への影響について広範な検討を行うと共に必要な新しいデータを関係機関に提供するばかりでなく、関係国への助言を行うなどの役割を果たしている。

放射性核種と放射能の減衰、半減期

放射性廃棄物の中には発生直後の数秒で消滅してしまう核種もあるが、発生後数億年におよぶ長寿命の核種まで、多種多様な核種が混然として含まれている。

放射性核種が持つ放射能は例外なしにすべて発生直後から減衰が始まり、時の経過と共に逐次減衰してゆく。表現を変えると放射性核種の放射能は核種が発生した時が最も強く、発生直後から減衰が始まり、この減衰はどの核種においてでも対数曲線状に減衰する。初めは急速に、逐次減衰率が小さくなってゼロに近付いてゆく（図14参照）。この放射能がゼロに近付いた段階では生物への影響もゼロに近付くことになる。放射能の減衰状況から核種が発生した時、つまり放射能が最大であった時の半分になるまでの時間を半減期（はんげんき）と呼んで、放射性核種の放射能の寿命の表現に利用されている。

放射性核種とその半減期の一例を表８に紹介した。加圧水型原子炉（略称：PWR）で標準的に燃焼された使用済み核燃料の場合をIAEAのデータから抄録した。使用済み核燃料に含まれる放射性核種は原子炉の炉型によっても異なり、また原子炉で燃焼された時間によっても異なり、表８などは高レベル放射性廃棄物に含まれる核種の一例に過ぎない。したがって原発での燃焼を終えて原子炉から取り出された使用済み核燃料は、厳密にいえば含まれる核種も放射能強度も使用済み核燃料毎にそれぞれ異なることになる。

表８　高レベル放射性廃棄物に含まれる主な放射性核種と半減期の一例

核　種	半減期（短いもの）→（長いもの）
ストロンチウム（90）	28年
イットリウム（90）	64時間
ジルコニウム（93）	150万年
ニオブ（95）	35日
テクネチウム（99）	21万年
ルテニウム（106）	1年
ロジウム（106）	30秒
セシウム（134）	2年
セシウム（137）	30年
バリウム（137）	3分
セリウム（144）	280日
プラセオジム（144）	17分
プロメチウム（147）	2.6年
ユウロニウム（154）	16年
ネプツニウム（239）	2.3日
ウラン（238）	45億年
プルトニウム（238）	88年
プルトニウム（239）	2.4万年
プルトニウム（240）	6,379年
プルトニウム（241）	14年
プルトニウム（242）	37万年
アメリシウム（241）	430年
アメリシウム（242）	150年
アメリシウム（243）	7,400年
キュウリウム（242）	160日
キュウリウム（244）	18年
マンガン（54）	312日
コバルト（60）	5.2年
セシウム（137）	30年

解説：本表は使用済み核燃料の多くで含まれる主要な放射性核種の放射能の寿命、その指標である半減期を紹介したものである。同じ元素でも原子量が異なる核種の放射能の寿命は大幅に異なるものもある。この点が高レベル放射性廃棄物の管理、処分、さらには核変換技術開発の難しさの原因にもなっている。

図14　放射能の減衰と半減期

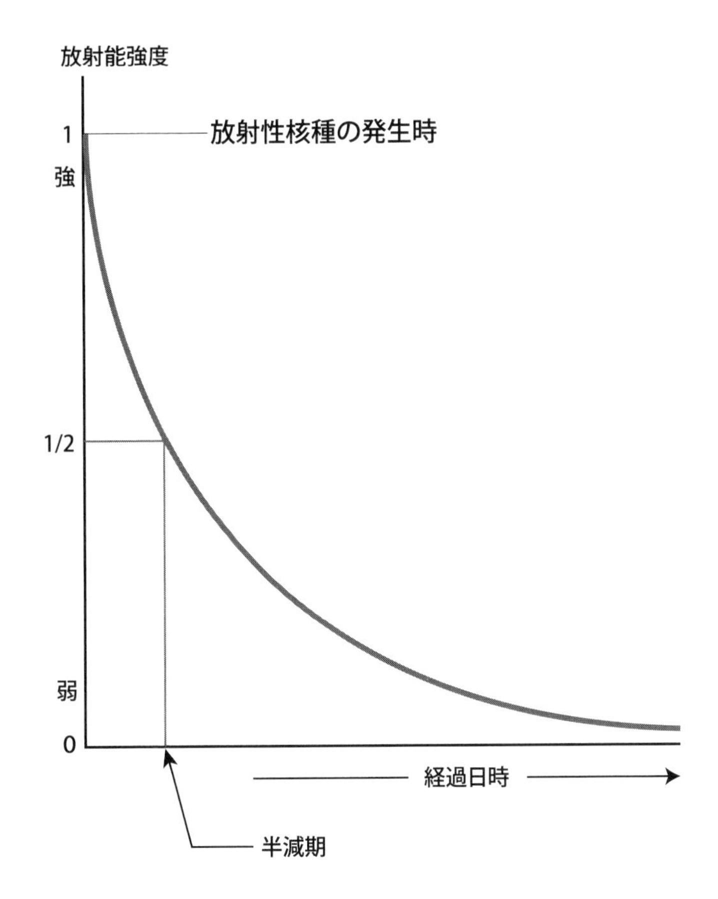

解説：放射性核種の放射能は核種が発生した時を最大として例外なく減衰する。この減衰速度は核種毎に異なっているが、いずれもが当初は急速に、漸次、緩くなりゼロに向かって無限に減衰していく、つまり非放射性核種に近付いていく。このため放射性核種の放射能の寿命を表す際には、放射能強度が当初の、つまり最大値であった時の半分になる時までの時間、「半減期」を利用している。

放射性核種の半減期は数秒のものから数億年のものまでさまざまで、同じ元素の同位元素においてもまったく異なった寿命のものが少なくない。たとえば核燃料となるウランの場合、天然のウランの99%あまりを占めるウラン238の半減期は44億年あまりであり、核分裂によく用いられているウラン235の半減期は7000万年あまりと推測されている。

2）放射性廃棄物の分類

4種類の放射性廃棄物

原子力発電所で発生する放射性廃棄物の管理も処分も、その目標とするところは、人の社会から必要な期間を確実に隔離しておくための作業である。放射性廃棄物は使用済み核燃料だけでなく、種々の作業に伴って発生する。放射性廃棄物は放射能をもつ「ゴミ」であり、その内容は雑多でさまざまな形状であると共に、放射能が極めて強いものから微弱なものまで大幅に異なったさまざまな放射性核種が混在する。このため放射性廃棄物の管理も処分も、放射能強度と共に放射性核種の性質によってもそれぞれを異なる方策がとられなければならない。

管理も処分も能率的に行うにはある程度の共通した放射能強度、核種などのそれぞれの性格によって放射性廃棄物を分類することが必要とされる。IAEAでは超ウラン元素（略称：TRU)、高レベル、低レベル、中レベル廃棄物の4種類に分類することを概念的に提案している。提案された分類は放射能の強さや寿命の長さなどの境界値が設定されていなければ、実際の分類を行うことはできない。建前としては国際機関であるIAEAが境界値の具体的数値の設定を提案すべきであるが、国際機関の通例として各国それぞれの現状に合った数値を各国の管理機関が設定すべきであるとして、境界値の実数は示さないことにしている。

「TRU」とは超ウラン元素の英名 TransUranium の略称であり、天然に存在している元素の最後の原子番号である92番のウランより大きい原子番号をもつ元素の総称である。そのいずれもが核分裂によって発生した人工元素であり、これらの人工元素を含む放射性廃棄物が TRU 廃棄物である。また、その多くが放射性元素で α 線とされる放射線を放出するものが多いことから「アルファ廃棄物」とも呼ばれ、その多くは長寿命の核種で占められている。

放射性廃棄物の分類問題

高レベル放射性廃棄物と TRU 廃棄物とされているものは長寿命の放射性核種が含まれることから、長期にわたり人の社会との隔離が必要とされる。しかし我が国の現行の放射性廃棄物分類の定義では、再処理の廃液だけが高レベル放射性廃棄物とされており、それ以外の放射性廃棄物はすべて低レベル放射性廃棄物、と定義されている。この日本の定義では TRU 廃棄物など強い放射能、長寿命の放射性物質を含む放射性廃棄物の多くが、低レベル放射性廃棄物に該当することになる。これでは我が国で現行の放射性廃棄物の分類は「分類」とはいえない。

放射性廃棄物の分類を定める実数の境界値を明確にすれば、原発を初めとする関係業界や、管理・監督する機関のいずれもが大きな影響を受けることになるため、我が国ではそれらの影響を怖れ、分類の明確化を先送りにしてきている。しかし将来の放射性物質による環境汚染を防止するためには、この分類は早急に明確化しなければばならない。

また、2011年３月の東日本大震災以後の世論は原子力発電の否定に傾き、閉鎖あるいは縮小される原子力発電所が増えた。温暖化による気象への影響や化石燃料高騰による供給可能な電力逼迫で、原発の再稼動を求める気運もあるが、老朽化した原発も多く、今後は一段と原子力発電の縮小化が続くことになろう。原発の閉鎖はそのまま原子炉を廃炉にすることを意味しているが、核分裂を行った原子炉が多くの核分裂生成物である放射性核種によって汚染されていることは当然である。廃炉により発生した放射性廃棄物も正しく分類し、高レベル放射性廃棄物は特に厳格に処理・管理されなければならない。

3）高レベル放射性廃棄物

高レベル放射性廃棄物とは

高レベル放射性廃棄物は強い放射能をもつ放射性廃棄物であり、その主体は原発での使命を終えた使用済み核燃料である。使用済み核燃料は強い放射能を持つ大量の、そして多種多様な長寿命核種を含んでいる。高レベル放射性廃棄物は、含まれている放射性核種の放射能が十分に減衰するまで人の社会から隔離しておくことが必要とされるので、隔離中は、核の崩壊に伴う崩壊熱排除のため常に冷却されていなければならない。十分に減衰するまでの期間は核種毎

図15　放射性廃棄物の分類

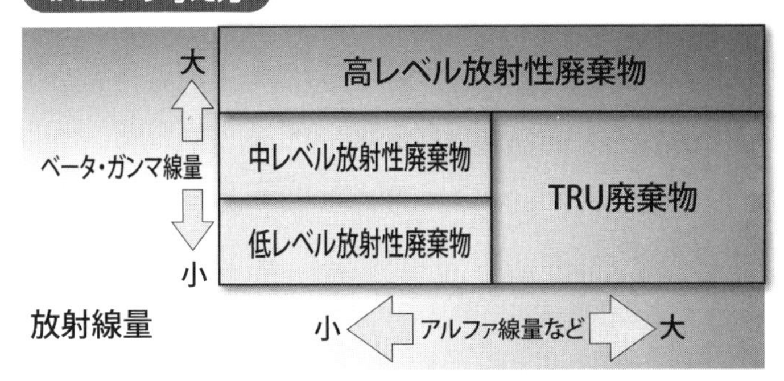

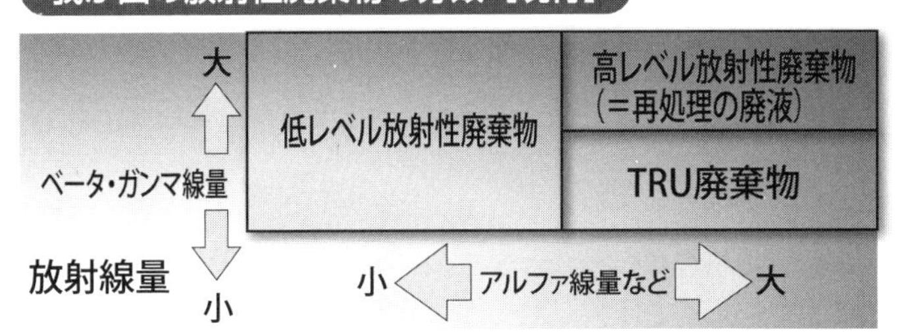

解説：放射性廃棄物の分類について、IAEA での一般的な分類と、我が国での分類を一つの図にしてみた。

IAEA での放射性廃棄物の分類に対する概念は以下の３項に要約される。ただし、各分類の境界となる定量的な「境界値」は各国の担当機関が国情に応じて決めるべきものとして、国際機関としての IAEA は示していない。

高レベル放射性廃棄物：使用済み核燃料や再処理の廃液など強い放射能を持つもの
中レベル放射性廃棄物：放射能が「低」より強く「高」より弱いもの
低レベル放射性廃棄物；人が近付いても放射線障害を起こす恐れのないもの

我が国の現在の放射性廃棄物の分類は、核燃料サイクルの再処理時に出る廃液だけを高レベル放射射性廃棄物と定義し、他の放射性廃棄物はすべて低レベル放射性廃棄物としている。ただし核分裂によって発生した TRU とされている核種を含むものには、長寿命の放射能を持つものが多いところから、TRU 廃棄物として別の管理によるべきものとされている。

原子力発電を行えば必ず放射性廃棄物が発生する。その際、放射性廃棄物の分類を明確化すると管理・処分が厳しくなることを警戒する関連業界からの声が大きく、これを取りまとめるべき国の機関は分類を曖昧なままにしている。

に異なるが、高レベル放射性廃棄物は繰り返し述べるように、全体として10万年を要するとされている。この長い期間は、放射線の人などへの影響について未だに不明確な点があり、隔離を要する期間が限定しがたいことから、十分に余裕のある数字として示されたものである。

10万年という年月は過去の地質年代としてみれば第四紀、それも最末期の完新世の十分の一に過ぎない。しかしツタンカーメンが生きていたとされる三千余年のエジプト文明の期間と比べても、また、人の寿命と比べても、途方もなく長い期間が必要とされる。このように長い期間、人の社会から隔離しておかなければならない高レベル放射性廃棄物が必ず発生する原子力発電そのものが、人類に対する一種の犯罪といえるのではないかとも私は考えている。いずれにしても我が国では既に高レベル放射性廃棄物とされなければならない使用済み核燃料などが発生してしまっており、各地の原発と、青森県六ヶ所村の未完成の再処理工場に山積みされている。

以前には１万年などと言われていた高レベル放射性廃棄物の要離期間が10万年まで延長された理由は、原発で核燃料として使った期間など使用条件の相違によって放射能の減衰期間が異なり、さらに放射線が人体に与える影響が臓器によっても、個々の人によっても異なるなどの実態から安全性を考慮した結果である。さらに放射線の人への影響は未解明の点が多いことから、１万年から10万年への変更案が生じた。高レベル放射性廃棄物などを隔離しておかなければならない期間については現在も異論は多く、誰もが納得する結論は得られていない。10万年とされている要隔離期間は一つの想定値に過ぎない。それでも既に発生してしまった高レベル放射性廃棄物は、長期にわたり何らかの方法で処分されなければならないゴミである。

高レベル放射性廃棄物の処分の難しさ

高レベル放射性廃棄物の「処分」とは人為的な管理をしない、文字通りの捨て放しの処分であり、現在から10万年という長期間でどのような事態が起こったとしても、高レベル放射性廃棄物と人との接触があってはならず、放射性核種が隔離施設から漏れ出て環境を汚染する可能性もまたあってはならないものである。この課題を巡り、国内でも海外でも、関係者たちの間で多くの議論が行われてきた。

原子力発電を導入した1950年代当時の、我が国の関係者たちの間で放射性廃棄物処分問題についての議論はまったくなかったようである。しかし原子力発電最先進国であったアメリカでは、同国原子力委員会（略称：USAEC）で放射性廃棄物の処分について1950年代当時から盛んな議論が重ねられており、中でも長期にわたって人の社会からの隔離を要する高レベル放射性廃棄物処分には議論が重ねられていた。この議論の結果は「WASH1297, USAEC, 1974」に要約され、USAECから公表されている。WASH1297では高レベル放射性廃棄物の処分場所として南極の氷床の中への埋め込みから宇宙、それも太陽系外への放出にまで議論が重ねられているが、

「安定した地域の堅硬な岩石圏での処分」に落ち着かざるを得ないとの結論になっている。

人類社会から10万年もの超長期にわたって人からの隔離を要する高レベル放射性廃棄物の処分は、人類が未だかつて行ったことのない難事業である。この処分の方法には多くの考え方があり得るが、現今においてその主流となっているものが地下の岩体中への処分、いわゆる地層処分である。地層処分は岩体中に掘削した空洞に不銹性の金属やセラミックス、粘土などで梱包された高レベル放射性廃棄物を収納する処分方法である。したがって処分の場となる岩体の安定性と性状が重要な条件であり、対象とされる岩体は長期的に安定した堅固な岩石であることが保証されなければならない。

高レベル放射性廃棄物処分の候補地としての楯状地

地殻変動帯を示す図7を見直すと、目立つ黒点が集中する地帯とは逆に、過去の20年間に地震がほとんどなかった空白地域が世界各地に存在していることも事実として示されている。この種の場所は原発の立地に、また高レベル放射性廃棄物処分の地として利用できる「安定した地域の堅硬な岩石圏」といえる。

ヨーロッパから東のシベリアに至るまでのユーラシア大陸の内陸地域や、南北アメリカ大陸内陸部、アフリカ、オーストラリアの内陸部などに地震がほとんどない広大な地域が存在し、安定した平穏な状況が続いていることも図7は示している。この安定地域の中でも地殻変動が少なく平穏な地域は、楯状地（たてじょうち）の名で呼ばれている。

楯状地の名は、昔のヨーロッパなどで騎士が用いた盾に似た、広くのっぺりした平坦な地形から名付けられた。現在、楯状地とされている地域の地質はいずれも地質年代の中で最も古い、十億年以前に形成された先カンブリア時代（表１参照）に形成された、花崗岩や片麻岩などの堅硬な岩石が地表の大部分を占めた露岩となっており、平坦な地形を形成している。またこの地域は地殻変動の痕跡が極めて少ないことも特徴といえる。堅く亀裂の少ない岩石が地表の多くを占めていることから植物の生育が難しく、農業や林業も困難で多くは不毛の地、あるいは疎林の地となっており、住む人も少ない。世界の楯状地の位置を図16で示したが、楯状地の最大のものはカナダ中部とヨーロッパ北部のバルト海沿岸地域にある二つの楯状地が知られている。このほかにも、中国西部やオーストラリア西部などにも同等の条件下にある地域が知られている。

地殻変動が少なく地盤の安定した地域は、原子力施設の立地にとっては好ましい条件下にあることから、北欧のスウェーデンやフィンランドを包含するバルト楯状地では、原発や付帯施設の立地として利用され稼動している。バルト楯状地東縁部にあるフィンランド南部のオルキオト原子力発電所隣接地の「オンカロ」では、世界最初の高レベル放射性廃棄物処分場が計画され、既に建設工事が進められている。また、バルト楯状地西縁部に当たるスウェーデン中部のオスカシャム原子力発電所隣接地では、高レベル放射性廃棄物の集中中間貯蔵施設「クラブ」が既に稼動しており、同国の原発の使用済み核燃料が集中的に貯蔵されている。さらには同地での高レベル放射性廃棄物処分場も計画され、具体化されようとしている。

4）日本における高レベル放射性廃棄物

日本における高レベル放射性廃棄物の処分

高レベル放射性廃棄物を「安定した堅硬な岩体中に埋設」することを、我が国では「地層処分」と称している。1970年代以降、世界中で行われてきている議論の終結でも高レベル放射性廃棄物は地層処分しかあるまいとなっている。各地で行われた議論を要約すると、地層処分の立地上の課題は以下の自然条件を満たす立地を必要とする。

a）放射性廃棄物そのものだけでなく隔離施設が破損する事態、たとえば大きな地震の被害に遭う可能性が高くてはならない。
b）地下水などが高レベル放射性廃棄物に接してこれを溶解して施設外に漏出する可能性があってはならない。
c）処分立地付近に石炭や天然ガスなど火災の可能性がある可燃性物質が存在してはならない。

以上の条件を完全に満たす岩体はどこにでもあるというものではない。いずれの国においても地層処分計画が立てられては、そのたびに困難に突き当たり、計画倒れになるケースが重ねられている。

図16　世界の楯状地（たてじょうち）

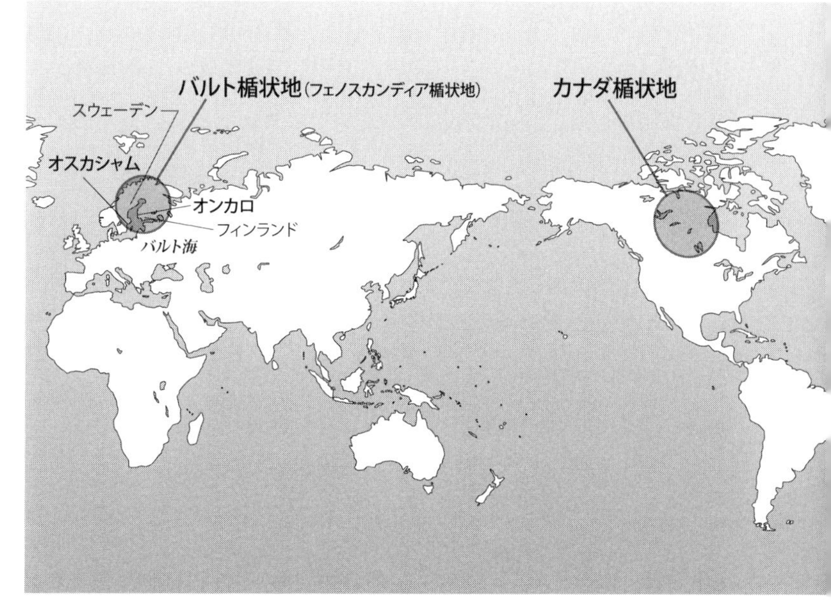

解説：楯状地、あるいは「クラトン」「安定陸地」などの名で呼ばれている地域は、地質時代で５億４千万年より以前の形成と推測されている先カンブリア時代の岩石が広域的に露岩となっており、かつ先カンブリア時代から現代までの間に地殻変動を受けた痕跡が乏しい地でもある。これらの地域の多くは硬く緻密な岩石が露出していることから植物の生育が難しく不毛の地、あるいは疎林で利用価値の低い地域となっている。

代表的な楯状地は世界最大の広さを持つカナダ楯状地のほか、ヨーロッパ北部のバルト海を中心とするバルト楯状地が広く知られている。他に西シベリア、オーストラリア西部、南極大陸などで安定性の、つまり地殻変動の痕跡の乏しい地域が楯状地（英語でSchield）と呼ばれたりしている。

高レベル放射性廃棄物処分計画が具体化している地域は世界でわずか２カ所にすぎない。フィンランドのオンカロとスウェーデンのオスカシャムで、両地域は共にバルト楯状地の一画にある。報道機関への当事者たちの話では、立地が数億年間の安定性を確保してきた条件下にあるにもかかわらず、高レベル放射性廃棄物の処分は捨放しの「処分」ではなく当面は「保管」するものであると伝えられている。

現在、処分が具体化されつつあるのは、北欧のバルト楯状地での２つの計画のみに留まっている（図16）。

地域の安定性の面から日本列島の地震の歴史をみると、本書の表３でも明らかなように古い時期の記録には欠落と地域的偏りが大きい。日本列島の今後の地震発生の傾向を推測するには、記録が明確になった近年100年間の記録を参照することが妥当で、表３を見ると、100年の間にマグニチュード７以上の大地震は全国で56回起こっている。この事実から高レベル放射性廃棄物を隔離の要があるとされる10万年の間に、M≧７の大地震は５万回余も起こり得ると推計される。この状況では日本列島のどこにおいてでも「安定している」と保証され得る地域はない。これほどまでに大地震が多く、しかも地下水が豊富なこの日本列島で、前記の a) b) c) の三条件を満たす土地を求めることは到底、不可能である。この事実を踏まえれば、日本列島では高レベル放射性廃棄物の処分はできない。この点からも、後始末のできない原子力発電は日本列島では行われるべきではないという結論となる。

しかし我が国では既に原子力発電を行ってしまっている。この結果として使用済み核燃料、つまりは高レベル放射性廃棄物は各地の原発と青森県六ヶ所村に山積みされている。これらの高レベル放射性廃棄物の管理や処分は当然のこととして、これらを生み出した各電力会社と稼動を許可した国の責務として行われるべきものである。既に各地の原発と青森県下に持ち込まれて、それぞれの地で山積されている使用済み核燃料の再処理計画も、また、国内で地層処分するという計画も白紙に戻し、日本国内での地層処分は不可能であるという現実を踏まえたうえで再度、計画し直さなければならない。

日本における高レベル放射性廃棄物の保管

現在、原子力発電を行っている国のすべてで「高レベル放射性廃棄物は発生国が自国内で処分する」ことが常識となっている。同じことは我が国土においても行われるべきだが、現実には地震国の我が国では捨て放しの「処分」ができない。日本国内には10万年もの長期間の大地震の可能性がない地域は存在しない、つまり安定性が保証できる地域はなく、当分の間の保管はやむを得ないものとして検討されなければならない。

処分に代わる方策として廃棄物の発生元、原発での長期保管が今のところ妥当と考えざるを得ない。崩壊熱を発する高レベル放射性廃棄物は常に冷却を必要とし、かつ物質の性質上、厳重な管理を行い続けなければならない。この作業には十分な資金と作業量を必要とする。これらを考慮すると高レベル放射性廃棄物は、その出所である原発が、その責務を果たす保管をせざるをえない。

高レベル放射性廃棄物の保管を冷却しながら行う施設は長期の稼動が必要になると予測される。保管の難点は崩壊熱の冷却に集中している。空冷あるいは循環水に依存するにせよ、保管の立地条件によって選択される方法は異なる。しかし我が国では「地層処分」が可能かのような話が浮沈を繰り返し、議論すらも充分に行われず、解決が繰り延べされている。

国内の現状では、使用済み核燃料はすべてが再処理されることになっている。使用済み核燃料の多くは青森県六ヶ所村に設置された再処理工場でに送られ、貯蔵されている。しかし核燃料サイクル構想が破綻したことが事実上明らかな現状からすれば、使用済み核燃料は発生元の原発に送り返されて、長期にわたるであろう保管がなされなければならない。

5）日本における中、低レベル放射性廃棄物と特定放射性廃棄物

日本における中、低レベル放射性廃棄物

中レベル放射性廃棄物とされるものは現在の日本には存在しないことになっている。しかし現実にはこの種の放射性廃棄物はかなりの量になっているはずである。この事態は現行の我が国の放射性廃棄物の分類が、再処理廃液のみを高レベル放射性廃棄物と定義していることが原因である。

低レベル放射性廃棄物は放射性廃棄物の中でも最も放射能が弱いもので、ドラム缶などに収納されるなどして処理されている。低レベル放射性廃棄物の処分は、廃棄物の性質から人の社会から300年程度隔離しておけば良いであろうとみられている。低レベル放射性廃棄物は放射性核種の量が少なく、長寿命の核種は含まれていないことを前提として300年という時間が設定されている。こうした前提と処理の方法は国際的な不文律ともいえるが、本来この前提が守

られているか否かもわからない。これらの原因は我が国の放射性廃棄物の分類の定義が杜撰であること起因している。

日本の原発で発生した低レベル放射性廃棄物の処分は既に、電力各社の協力により青森県六ヶ所村にて行われている。近年の話として、低レベル放射性廃棄物の中に、放射線被ばくの危険があるものが散見されるとのことである。これが虚報であればよいが、このような疑いがあるのであれば、過去にさかのぼり、既に埋設処分された物をも含めてすべての低レベル放射性廃棄物を徹底的に再調査する必要がある。TRU 核種など長寿命核種が含まれている場合はそれぞれの処分システムに沿って管理され、処理されなければならない。

地殻変動などの天災による不安要素は、六ヶ所村においても、国内のどの地域でも同じである。低レベル放射性廃棄物処分において処分施設が思わぬ天災に遭遇した場合、低レベル放射性廃棄物とされた放射性廃棄物の中に長寿命の放射性核種などが含まれていれば、周辺への環境汚染が起こりうる。放射性廃棄物の適切な分類は、明確化が早急に求められる。そのうえでの処分である。

日本における特定放射性廃棄物

2011年３月の東電福島の大事故で飛散され、各地での除染によって回収された放射性廃棄物は「特定廃棄物」の名で呼ばれているようである。袋詰めなどの形で各地で膨大な量が山積されている。このまま放置すれば、やがて袋などが破れてわずかに含まれているであろう放射性核種が周辺環境の汚染源となることは必定である。

放射性物質による環境汚染を防止するためにはまず専用の放射性核種選別工場が必要になる。これを開発し建設して、特定廃棄物も、高・中・低・TRU 廃棄物に選別し、それぞれの管理システムによって処理されなければならない。この処置は発生元の電力会社が負うべき作業である。工場の立地は港湾施設や放射性物質の処理施設が整っている六ヶ所村の再処理工場跡などがあろう。

青森県六ヶ所村の低レベル放射性廃棄物処分場の地盤は300年間の安定性を前提として運営されている。しかし青森県の太平洋沿岸はいわゆる三陸沖の巨大地震と大津波が何度も記録されている地域の一部であり、300年間の安定性が維持され得るか否かは誰も保証することはできない。放射性物質による西太平洋の汚染を防止する観点から見れば「想定外」のケースは許されるものではない。

6) 主要海外諸国の高レベル放射性廃棄物への対応

高レベル放射性廃棄物の地層処分の検討

1979年のアメリカ・スリーマイル島、1986年の旧ソ連のチェルノブイリ、2011年の東電福島に至る３回の大事故を契機として、原子力発電には陰りが見えている。特に2011年の東電福島の大事故は世界各国に多大な影響を与えている。主要国の放射性廃棄物処分への対応状況について表９に取りまとめた。

高レベル放射性廃棄物の「地層処分」は、各国とも従来にも増して慎重な対応が認められる。地層処分はアメリカの共和党政権下で先駆けて実施に向っていたが、アメリカ国内ばかりでなく国際機関からも多くの異論が出され、批判が重ねられている。

その一例をあげれば国際学術連合（International Council of Scientific Union、略称：ICSU）の会長を務めたＪ．Ｍ.Harrison氏が座長となって、原子力発電を行っている各国の関係者を集めて高レベル放射性廃棄物の処分についての検討会が数年にわたって行われた。この議論の結果を集約したハリソン氏の報告と意見が雑誌Science（アメリカ）の1984年版誌上に披露されている。この記事は「ハリソンレポート」の名で関係者の間では広く知られている。

その内容は「地層処分を頭から否定するものではないが、高レベル放射性廃棄物を地層処分するに当たっては慎重の上にも慎重に行われるべきものである」との結論であった。またこのICSUのハリソン検討会の中で地球科学小委員会の主査を務めたカナダ・西オンタリオ大学の地質学部教授 W. F. Fyfe 氏がハリソンレポートと同じ年、1984年の雑誌 Nature（イギリス）誌上に小委員会での議論の大要を紹介しており、ハリソンレポートの「慎重の上にも慎重に」の具体的な内容として、処分前に百年単位での中間貯蔵を行うことを前提として、その間に広範な地球科学上の検討を行うべきであるとする報告が紹介されている。ICSU の検討会と地球科学小委員会には、日本から著名な関係者が数名、断続的に出席したことが上記の雑誌 Nature に記載されているが、日本からの出席者たちの直接報告などは私は目にも耳にもしていない。

このほかにも1990年にはアメリカの全米研究評議会が National Academy Press 発行の冊子「Rethinking High Level Radioantive Waste Disposasal」を公表し、「より慎重な地層処分」として、アメリカ連邦政府のエネルギー省が進めていた高レベル放射性廃棄物の地層処分を再考すべしとの評価がされている。

世界の原子力発電を行っている国では、いずれも放射性廃棄物の処分には頭を悩ませているが、それぞれが国情に沿った努力が傾けられている。以下に紹介する主要国の対応は2020年初めに公表されたデータを私が要約したもので、併せて私が現役であった時期に実際に視察した、放射性廃棄物の処分に関連した施設の状況も紹介した。なお、各国の状況、情勢は年々刻々に変化している。

表9　原子力発電と高レベル放射性廃棄物処分・主要各国の対応

国	原子炉（基）	高レベル放射性廃棄物処分への政策と現状（註）
アメリカ	99	商用炉で発生した使用済み核燃料は、ユタ州ユッカ地域の凝灰岩中に直接地層処分の計画が議論中。軍事関連その他のものは、ニューメキシコ州カールスバードの岩塩中に処分。
フランス	59	すべての使用済み核燃料は核燃料サイクルに供するため再処理し、廃溶液はガラス固化後､「可逆性ある地層処分」とする計画で、国内数ケ所の粘土層など検討中。
イギリス	15	使用済み核燃料は、原則的には再処理し、廃液はガラス固化体として地層処分する計画で立地選択中。
ドイツ	7	紆余曲折はあったが、使用済み核燃料は高レベル放射性廃棄物として、ドイツ北部のゴアレーベンの巨大な岩塩ドーム中に建設された集中貯蔵施設で貯蔵後、同地で直接地層処分される計画。
中国	37	使用済み核燃料は、原則的には再処理することとしているが、究極的には直接地層処分を目指して検討中。
カナダ	18	すべての使用済み核燃料は再処理せずに、300年かけての安全性など各種の検討を行なった上で、直接地層処分する計画。
スウェーデン	7	すべての使用済み核燃料は再処理せずに、既設の集中貯蔵施設である（クラブ）に集め、隣接地に建設予定の施設に直接地層処分計画が進行中。
フィンランド	4	すべての使用済み核燃料は再処理せずに、オキシルオト原子力発電電所隣接地の変成岩中に建設中の「オンカロ」で直接地層処分する。
ベルギー	7	使用済み核燃料は従来、フランスへの委託によって再処理していたが、近年は再処理せずに、国内の粘土層などへの直接地層処分を目指して検討中。
スイス	5	2011年の東電福島の大事故を契機に、原子力発電からの撤退の意向。使用済み核燃料は再処理せず、監視付き直接地層処分を目指して、花崗崗岩類や粘土などを対象に検討中。

註：各国の状況は流動的であり、本表の状況は2019年当時のもの。

アメリカの放射性廃棄物処分

世界一の原子力発電大国であるアメリカは世界最大規模の放射性廃棄物処分を行わなければならない。アメリカでは早い時期から放射性廃棄物処分、特に高レベル放射性廃棄物処分の検討を行ってきた。既に紹介した通り、連邦政府の原子力委員会（USAEC）を中心に検討が行われ、安定地域の地下深部にある堅硬な岩体中に処分することが最良の方法であろうとの結論に至り1974年に公表されている。

アメリカでの高レベル放射性廃棄物の処分は、民需と軍需が明確に区分されている。民需は原子力発電所からのもの、軍需は原子力潜水艦などの軍事用のものに加えて研究などで利用した高レベル放射性廃棄物、およびTRU廃棄物などの処分が対象となっている。

原発で発生した使用済み核燃料などは再処理せずに直接地層処分される方針が取られており、地層処分の立地調査が進められていた。この結果として発生量が大きい民需の高レベル放射性廃棄物などの処分立地として、ネバダ州の岩石砂漠の一角でかつての原爆開発の実験場に近いユッカマウンテン地域の、第三紀に堆積した溶結凝灰岩（ようけつぎょうかいがん）に焦点が絞られた。地質調査をはじめ使用済み核燃料の輸送路の検討まで含め、高レベル放射性廃棄物処分に必要な諸要件の検討が進められてきた。

溶結凝灰岩とは火山の噴火によって空中に放出された火山砕屑物が地上に堆積した後に、自身の熱などによって再度溶融して固結した岩石である。2009年の選挙で共和党から民主党へ政権交代があり、ユッカマウンテン計画は中止されていた。が、2017年の選挙で共和党のトランプ政権が誕生してこの計画は復活する方針となり関連する法律の整備が進められてきた。ところが2020年の選挙で再度、民主党バイデン政権が誕生したため、再々度の検討が行われようとしている。

一方、民間の原発以外の、すなわち軍事関係などからの高レベル放射性廃棄物などの処分場は、ニューメキシコ州南部の小都市、カールスバット市近郊の厚い岩塩層が選ばれた。1974年から地質調査などが始められており、1999年にはこれが完成し、以降、操業が続けられている。現在ではこの施設は核廃棄物隔離試験施設（Waste Isolation Pilot Plant、略称：WIPP）の名で操業されており、管理する連邦機関もいくつかの変遷を経て現在はエネルギー省（略称：DOE）が担当している。

私がWIPP建設予定地を見学した1976年の夏には、広大な岩石砂漠の一角で、WIPP建設のための立地調査として地質調査のボーリングが行われていた。ボーリングによって採取された直径３インチ大の巨大な岩芯（コア）は、地表から当時の掘削最深部であった1200mまでのすべてが、海底堆積物が蒸発固結した岩石で占められており、その大部分が結晶した岩塩で所々に無水石膏の薄層を含むというものであった。1200m以上もの厚さを持つ岩塩層は水平の層理を見せており、中生代三畳紀の２億余年前から、この地では激しい地殻変動を受けていないことを示していた。地殻変動の多い島国日本で育った私にとっては想像もできない、安定した条件下で長年を経て形成された膨大な規模の岩塩層という事実に圧倒される思いであった。

フランスの放射性廃棄物処分

フランスでは核燃料サイクルが曲がりなりにも実施されている。核燃料サイクルの一環である高速増殖炉（略称：FBR）開発のための原型炉を第一次、二次と二基建設して実用化を図ったが、双方共に失敗となり、現在はこの二つの原子炉は共に廃炉の途上にある。このようにフランスでの核燃料サイクル計画は途上にあるが、使用済み核燃料は再処理されており、回収されたウランとプルトニウムはMOX燃料（混合酸化物燃料）に加工されてフランス国内で稼動中の原発である軽水炉で「プルサーマル」として活用されている。

使用済み核燃料の再処理で排出された廃液はガラス固化体にされて「可逆性のある地層処分」をされる計画になっている。地層処分の対象となる岩石は岩塩、粘土層、頁岩、花崗岩などが検討されたが、近年では国内数カ所の粘土層を主に立地調査が行なわれている。しかし地点を確定するには至っていない。

フランスで採用されようとしている「可逆性のある地層処分」には関係者の中でも種々な受け取り方があり、私の理解では可逆性の意味は「安全性に問題なしとされた地層処分においてでもその安全性に不安が認められた場合には処分やり直しが可能な処分」であろうと思っている。フランスでの「可逆性のある地層処分」の考え方は進歩的で現実に即した方法と私は感じている。過去に私が参加したいくつもの内外の会合の、「地層処分」の安全性の議論では、再取出し可能な処分、英語で retreatable disposal が何度も提案されながらそのいずれもが立ち消えになった。この retreatable disposal の考え方が、近年のフランスで再度の陽の目を見たのであろうと私は推測している。この「可逆性のある地層処分」は百年以上の単位で可逆性の見直しを行うことが考慮されているとの報道もある。

中国の放射性廃棄物処分

中国では既に14カ所の原発で原子炉35基が操業中であり、さらに原子炉20基が建設中である。急速な発展が続いており、いずれの原発も1988年に創設された国営企業の中国核工業集団公司、あるいはこの子会社によって運営されている（日本原子力産業協会のデータによる）。

中国でも原発で発生する使用済み核燃料は再処理されて、燃料サイクルが実施される計画がある。再処理で発生する高レベル放射性廃棄物はガラス固化体にされて地層処分される計画となっているが、直接処分も検討されており、2040年には処分場を開設する計画で立地選定や調査が進められている。広大な中国、なかでも同国西部には楯状地と呼びうる程に安定した地域の存在も知られており、有用な立地が得られる可能性は高い。

カナダの放射性廃棄物処分

カナダは天然ウラン重水減速炉などの名でも呼ばれているカナダ独特のカナダ型重水炉、CANDU型原子炉22基を5カ所の原発で稼動させており、カナダ国内総発電量の約15%を賄っている。原発で発生する使用済み核燃料は再処理せずに直接地層処分される計画で、使用済み核燃料の処分は「適応性のある段階的管理」、英語でAdaptive Phased Management（略称：APM）によって処分することが2007年に決定されている。APMによると使用済み核燃料は発生した原発での保管に続いて、集中保管所での保管などを300年以上行った後に地層処分することとして、地層処分の立地選定が進められている。

世界最大のカナダ楯状地には先カンブリア時代に形成された堅硬で安定した岩体があり、ここを目標として立地選定が行われている。カナダ楯状地中央部にあるマニトバ州南部のホワイトシェル原子力研究所の構内地下に研究施設が設けられ、先カンブリア時代に形成された岩石の、片麻岩などの変成岩の中での地層処分が検討されている。この検討での関係者たちの議論の主な話題は、変成岩中にわずかに認められる亀裂に浸透する地下水の動きの調査手段についてであった。なおホワイトシェルに近いマニトバ州の首都・ウィニペックの年間降水量は500mm余で、日本の平均降水量のほぼ三分の一である。

世界最大のカナダ楯状地を有するカナダではあるが、自然保護を何より尊重するお国柄から社会的制約が多く、慎重な立地選定が行われている。

スウェーデンの放射性廃棄物処分

スウェーデンでの原子力発電は東電福島の大事故を契機として漸次廃止する方向に傾いていたが、紆余曲折の末に概ね現状維持に落ち着く形勢になっている。バルト楯状地（＝フェノスカンディア楯状地）西部に位置するスウェーデンは、原発の立地としても、放射性廃棄物処分の場としても安定した堅硬な岩石に恵まれた地域といえる。使用済み核燃料は再処理せずに銅や鉄などで覆った形で、先カンブリア時代に形成された変成岩などの中に直接地層処分する計画となっている。この方針の下で高レベル放射性廃棄物処分の立地の選定が長い年月をかけて慎重に行われた。この結果として現在稼動中のオスカシャム原子力発電所に隣接する地の、先カンブリア時代の変成岩が選ばれて地層処分計画が進められている。その前段階として使用済み核燃料の中間貯蔵施設がクラブ（CLAB）の名でオスカシャム地域の地下に建設され、1985年から操業されている。ここではスウェーデン国内４カ所の原発から送られてくる使用済み核燃料が集中貯蔵されており、最終的な処分場の完成が待たれている。

フィンランドの放射性廃棄物処分

フィンランドの原子力発電は２つの原発にある計４基の原子炉による発電で、フィンランドの総発電量のほぼ３割を賄っている。この国もスウェーデン同様、バルト楯状地（＝フェノスカンディア楯状地）の一角にあり、原発の立地としても放射性廃棄物関連施設としても、安定した堅硬な岩石に恵まれている。フィンランドも核燃料サイクルは採用せずに使用済み核燃料は高レベル放射性廃棄物として直接、地層処分される計画になっている。稼動中のオルキルオト原子力発電所近傍で地層処分場の建設が2016年に始められ、2020年代中の操業開始の予定となっている。この処分の研究のためにオンカロ（onkalo）と名付けられた試験施設が処分予定地に設けられている。

処分場予定地の地質は前カンブリア時代の花崗岩と変成岩が主体で、約18億年前に貫入した花崗岩によって変成作用を受けた変成岩を主体とする地表からの深度400〜450m付近に、粘土などの多重緩衝材を施した銅と鋳鉄製のキャニスターに封入された高レベル放射性廃棄物を処分する計画とされている。オルキルオトの処分場建設は、世界最初の高レベル放射性廃棄物の地層処分として注目を浴びている。

ドイツの放射性廃棄物処分

ドイツは2011年の東電福島での大事故を契機として、2022年には原子力発電の全廃を計画していた。しかし、ロシアのウクライナ侵攻による燃料資源の入手困難から全廃は2023年４月まで先送りされ、原発復活の議論も再燃している。一方、原発を全廃しても使用済み核燃料など高レベル放射性廃棄物は残るわけで、過去に計画されていた核燃料サイクルで発生した再処理廃液のガラス固化体などを含む高レベル放射性廃棄物処分は、いずれも岩塩中で地層処分される計画になっている。このためヨーロッパ中北部に多い岩塩ドームと粘土層に焦点を絞って立地選定が進められている。また、ドイツでは1967年以降、岩塩ドームの一つであるアッセⅡ鉱山の岩塩採掘跡に低・中レベル放射性廃棄物の地層処分を行ってきた。近年、乾燥状態であったアッセⅡで地下水の存在が認められ、既に処分された放射性廃棄物は回収し、改めて処分する計画が進められている。高レベル放射性廃棄物の処分は目下のところ、ドイツ北部のゴアレーベンの岩塩ドームが有力視されて地質調査が集中的に行なわれている。ゴアレーベンの岩塩ドームは長径が10㎞余、幅３～４㎞、高さ数千ｍに及ぶ巨大な釣鐘状の岩塩の塊となっている。現在、ドイツの高レベル放射性廃棄物は中間貯蔵施設に集められる計画で、このための中間貯蔵施設がゴアレーベンの岩塩ドームの中に設けられている。

ベルギーの放射性廃棄物処分

ベルギーの原子力発電は旧ソ連のチェルノブイリ、2011年の東電福島の大事故によって大きく揺れ動いた。しかし原子炉７基の原子力発電による電力がベルギーの総電力需要の半分以上を賄っている実情から、結局は当面現状維持として、2025年までに原子力発電を段階的に廃止する方向で議論が行われている。原子力発電で発生する使用済み核燃料は、従来から、フランスに委託してウランとプルトニウムに再処理され、これを既設の原発でウラン燃料と併せて使う、プルサーマルによって消費してきている。しかしこの形での核燃料サイクルより、使用済み核燃料を直接、地層処分する計画が議論されている。いずれの方策をとるとしても、高レベル放射性廃棄物の地層処分を想定して、ベルギー北部にあるモル原子力研究所構内地下200m付近にある、厚さ100m程のレンズ状の粘土層「ブーム粘土」を中心に検討が行われている。

私がモル原子力研究所を訪れた1984年当時、研究所構内の地下225m付近のブーム粘土では、坑道掘削に伴う通気に含まれている水分による膨潤が起こることから、立坑・横坑周辺に掘られたボーリング孔による冷媒の循環によって粘土を凍結させての掘削が行われていた。各種の検討は掘削後に設置された厳重な保坑施設の中で行われていた。処分立地の調査は、モルと同じベルギー北部のデッセルの粘土層などを対象に検討が行われている。

スイスの放射性廃棄物処分

スイスでもアメリカ、旧ソ連、東電福島での原発の大事故によって原子力政策は大きく揺れたが、結局、落ち着いた方針は、元来の政策を当面は継続することになったようで、4カ所の原発の5基の原子炉を使っての原子力発電を続けることになっている。5基の原発の発電によってスイス国内の総電力消費量の3割あまりを賄っている。原発で発生する使用済み核燃料などの高レベル放射性廃棄物は再処理せずに、直接、地層処分される計画になっている。

スイスでは花崗岩などを対象とした地層処分の検討が、日本を含む多国籍共同研究として、南部のグリムゼル試験サイトで行われてきた。スイスでは近年、花崗岩だけでなく粘土層中での地層処分にも検討が加えられている。一方、地層処分の安全性にも議論が及んでおり、処分後は人が関与しない、捨て放しとする従来からの地層処分には疑義が持たれ、「監視付長期地層処分」案などが議論されている。

7）「高レベル放射性廃棄物の地層処分」とは
「IAEA Technical Reports Series No.177」について

1957年に国連傘下の自治機関として発足した国際原子力機関（略称：IAEA）では1970年代初めに高レベル放射性廃棄物の地層処分というものを明確にしようとの動きが生れ、関係各国の関係者たちの協力によって検討が重ねられ、1977年に以下の出版物が刊行されている。

IAEA Technical Reports Series No.177*

"Site Selection Factors for Repositories of Solid -High Level and Alpha-Bearing Wastes in Geological Formations"

「高レベルおよびアルファ廃棄物の地層処分における立地選定要因」

＊全64頁、サイズ240x160㎜、日本工業規格 A5ないしB5に近い冊子

「地層処分」のあるべき条件について、専門機関のおおよその考え方を紹介しているこの小冊子が本書の読者諸氏の参考となる面も少なくないと思われるので、ここにその大要を紹介することにした。

原子力発電が始められた1950年代後半から関係者の間では、原子力発電を行えば必ず発生する使用済み核燃料の処理、すなわち高レベル放射性廃棄物の処分が原子力発電の重要課題になることは予

想されていた。その後、多くの議論の末に「地層処分」が高レベル放射性廃棄物の処分に最も適切な方法であろうという結論に至っている。しかし、この地層処分という方法が高レベル放射性廃棄物を単に地下に埋めるだけで済む問題ではなく、どの放射性廃棄物を、どのような形態で、どこの、あるいはどのような岩石の中にどう処分するのかといった、具体的な処分の内容については漠然とした観念のままに、関係各国それぞれに議論と試行錯誤が続けられてきた。

この小冊子では地層処分の対象になる高レベル放射性廃棄物の紹介に始まり、処分される放射性廃棄物の内容と形状、処分を行う岩石とその環境などのあるべき概念が示されている。また地層処分の内容と共に、処分を行う際に関連する事項にまで触れられており、中でも地層処分を行う岩石、ならびにその環境についてはそれぞれのあるべき概念がまとめられている。

1977年当時、地層処分の実例はドイツ北部で行われていた低レベル放射性廃棄物の岩塩ドーム中での処分だけの時代であり、具体的な高レベル放射性廃棄物の地層処分を定量的にまとめる時期には至っていない。したがってこの小冊子には具体的な処分の環境も処分される放射性廃棄物の形態も、処分を受け入れる岩石についてもその具体策は示されていない。1970年代当時から自国で発生した放射性廃棄物の管理および処分は自国内で行うことが不文律、むしろ常識になっており、各地域、各国の状況での不都合な事態を避けるため具体的な表現を避けることがIAEAなど国際機関の通念となっており、小冊子でもこの通念が守られている。

近年、我が国でも山積された使用済み核燃料の処理に注目が向けられて地層処分が議論されている。近づくことも危険な高レベル放射性廃棄物を「地層処分」の名で地下に埋めるだけで済む問題ではないことは、すでに1977年には理解されていた。

今からほぼ半世紀前、1975年秋に動力炉核燃料開発事業団(略称:動燃)に在籍していた私は「放射性廃棄物処分地についてのIAEAの検討会」への出席を命じられオーストリアのウィーンへ赴いた。この会合への出席委嘱は外務省が作成した便箋一枚のもので、外務省から科学技術庁、動燃を経ての委嘱依頼であった。便箋には単に「放射性廃棄物の処分地についてのIAEA検討会」への出席を委嘱するというものであった。しかし私がIAEAで会議に出席してみると会議の内容は上記の出版物の編集会議で、既にできていた草稿が示され、その内容がそれぞれの国の実情からみて妥当なものであるか否かを検討する会合であった。

この時のIAEA本部は以前のウィーン都心部にあった貸しビルの一画から、新築された巨大な独自の建物に移転して間もない時期に当たっていた。ウィーン市内ではクリスマスが近いことから美しく飾りつけられたショーウィンドウを横目に街の中心部から離れたIAEAの新ビルに入り、表示に従って会場となる会議室に入ると会議が始まる朝10時にはまだ30分あまりも早い時間であったが、既に大勢の出席者達が集っており、大声での議論が戦わされていた。

私はこの大声で交わされている議論も、その内容も理由がわからないままに黙って座って聞き耳を立てることにした。

興奮状態で喋っていたのはアメリカ人で、一塊りのアメリカ人達の周りにはヨーロッパ各地からの出席者たちがいて、主に“地質屋”が多いようであった。彼らの話題はアメリカ西部、ネバダ州の砂漠地帯でアメリカ連邦政府による高レベル放射性廃棄物処分場建設計画であった。当時、ネバダ州の岩石砂漠の地下に高レベル放射性廃棄物の処分場を開設する計画が進められつつあり、この計画にヨーロッパ各国からの出席者から質問が集中していた。なかにはこの計画に批判的な声も混じったことから興奮したアメリカ勢の声が大きくなった模様であった。

私は噂や新聞等でこのネバダ州での高レベル放射性廃棄物処分計画の概要は承知しており、その場所が1940年代にアメリカが国を挙げての原子爆弾開発のために原爆実験を行った地域に続く岩石砂漠の一画であること、地質時代の第三紀・中新世に形成した凝灰岩の一種、溶結凝灰岩（ようけつぎょうかいがん）が広く厚く分布する不毛の岩石砂漠であることなどは承知していた。1975年以前から日本国内での放射性廃棄物処分適地の在否を知るため各地を訪ねていた私は、適地の見通しがまったく立たず、絶望的であることに愕然としていた。私にとってこのネバダでの計画は飛びつきたいほどの羨望の候補地と計画であったが、しょせんは外国、日本の放射性廃棄物処分にとってはいかんともし難いものであった。

ところがこのIAEAの会合に集まったヨーロッパなどからの出

席者たちの質問は、というよりは詰問に近い意見は、第三紀の溶結凝塊岩は不均質で脆弱な岩石であり、高レベル放射性廃棄物に含まれる核分裂生成物等を長期にわたって格納し、その散逸を防ぐためには母岩の強度や環境が不十分ではないかとする意見が多く、この時に岩石の性質に明るい出席者が少なかったアメリカ勢が返答に窮して声が高くなってしまったもののようであった。この議論の推移を聞きながら従来から放射性廃棄物処分、中でも高レベル放射性廃棄物の地層処分は周辺の人たちが受け入れてくれ、ある程度の固結した岩体中であれば良いのではないかと思っていた我が国の多くの人たち、私を含めてのそうした考え方では不十分であり、地層処分を行い得る岩体は強固な岩質と相応の規模の岩体が必要であり、それが処分への適、不適の判断における必要条件であることに気づいた私は考えを改めざるを得なかった。

やがて定刻に会議が始まり、定番通り会合の目標と経過説明があってランチタイム、午後は1974年に始まった草稿作成の経過説明などの紹介で終始し、初日の会合が終わった。二日目に至ってしばらくこの小冊子自体への実質的討議となったが、二日間の日程ではいかんとも処理し難く、この会合の二日間の日程は終了した。その後、広範な自然相手の地層処分であるがゆえに、IAEA 事務局と各国の関係者との手紙の交換による編成作業が進められ、私も何度かの手紙の往復の手伝いをした。これらの討議の結果を IAEA 事務局がまとめて、上記の小冊子の刊行に至ったものである。この出版物は既に紹介したように「高レベル放射性廃棄物等の地層処分」の性格と関連する事項、長期にわたって確実に高レベル放射性廃棄物を格納しておくために必要とする事項を大づかみに網羅している。使用済み核燃料の管理も処分も混沌としている我が国の現状に参照すべき点があると思われるので、以下に目次とその大要を紹介する。

IAEA Technical Reports Series No.177

"Site Selection Factors for Repositories of Solid -High Level and Alpha-Bearing Wastes in Geological Formations"

CONTENTS

1 INTRODUCTION 1

1 1 Background 1
1.2. Conclusions 1
1.3 Recommendations 2

2. GENERAL 4

2.1 Purpose and scope of report 4
2.2. Radioactive waste generation 5
2.3. Characterization of high-level and alpha-bearing wastes 5
2.4. Storage of liquid wastes 10
2.5 Solidification 11
2.6. Storage of solid and solidified wastes 14
2.7 Disposal 15
2.8. Use of geological formations for storage and disposal 16
2.9 Criteria or factors 17

3. GEOLOGICAL FORMATIONS 19

3.1 Introduction 19
3.2. Evaporites 20
3.2.1. Rock salt
3.2.2. Anhydrite
3.2.3 Gypsum
3 2.4. Potash salt
3.3. Other sedimentary deposits 24
3.3 1 Argillaceous formations
3.3 2. Calcareous formations

3.3.3. Arenaceous sediments
3.4. Igneous and metamorphic rocks 27
3.4.1 Igneous rocks
3.4.2. Metamorphic rocks (gneiss and schists)

4. SELECTION FACTORS 31

4.1 Topography 31
4.2. Tectonics and seismicity 31
4.3. Subsurface conditions 32
4.3.1 Depth of disposal zone
4.3.2. Formation configuration Thickness and extent
4.3.3. Consistency, uniformity, homogeneity or purity
4.3.4. Nature and extent of overlying, underlying and flanking beds
4.4. Structure 34
4.4.1 Dip or inclination
4.4.2. Faults and joints
4.4.3. Diapirism
4.5. Physical and chemical properties 36
4.5 1 Permeability, porosity and dispersiveness
4.5 2. Inclusions of gases and liquids
4.5.3 Rock mechanical behaviour
4.5.4. Thermal effects
4.5.5 Sorption capacity
4.5.6. Mineral sources of water
4.5.7 Radiation effects
4.6. Hydrology 41
4.6.1 Surface waters
4.6.2. Groundwaters
4.7 Future geological events 44
4.8. General geological and engineering conditions 45
4.8.1 Site area and buffer zone
4.8.2. Pre-existing boreholes and excavations
4.8.3. Exploration boreholes, shafts, tunnels and excavations
4.8.4. Spoil disposal
4.8.5. Waste transportation
4.8.6. Ecological effects
4.9 Economic and social considerations 47
4.9 1 Resource potential
4.9.2. Land value and use
4.9.3 Population density
4.9.4. Jurisdiction of the land
4.9 5. Existing rights
4.9.6. Accessibility and services

Bibliography 51
List of Participants 53
Glossary of Terms 57

目次の各項目の表題は原子力、地質学など広範な部門の専門用語が用いられていることから、目次の最小限の直訳と、その下に各項目の内容の解説とを加えた。

IAEA Technical Reports Series No.177

高レベルおよびアルファ廃棄物の地層処分における立地選定要因

目次

序

本書出版の背景

本書の結論

▶本書の結論を6項目に取り纏めたもの。本書編纂の関係者たちの結論は以下の６項目に要約される。

・ 高レベル放射性廃棄物等を長期にわたって閉じ込める地層処分は優れた方法といえる。またこの目的をより確実にするためには人工バリアが重要。

・ 放射性廃棄物の地層処分には適した岩石の特性と周囲の環境が重要。

・ 長期にわたる高レベル放射性廃棄物等の閉じ込めには流動する地下水の存在は避けるべきである。しかし、地下水の存在も適材適所で重要。

・ 一部の岩石に認められる変形性能 (英語の plasticity) による自己封鎖が有用な場合もあり得る。

・ 放射性廃棄物の処分は各地の地質、水理等の条件に適した方法、および人工バリアによるので、処分を実施する者が責任を負わなければならない。

・ 高レベル放射性廃棄物と α 廃棄物は発熱状況が異なることから分けて処分されるべきであろう。

勧告

▶本書作成に関連した人たちから寄せられた勧告として、本書で紹介している各条項は地質も岩石もそれぞれの地域、経済、国等々によって異なるので、処分の安全性を前提として応用されることが望まれる。

2　一般事項

2.1　本書の目的と展望

2.2　放射性廃棄物の発生

▶高レベル放射性廃棄物とα廃棄物の主体となる使用済み核燃料の発生経緯とその内容。

2.3　高レベル放射性廃棄物及びα廃棄物の特性

▶高レベル放射性廃棄物等の説明。

2.4　液体廃棄物の保存

▶使用済み核燃料の再処理等で液状のものの取り扱い等。

2.5　放射性廃棄物の固化

▶「地層処分」に必要とされる固体化。

2.6　固体および固化した放射性廃棄物の保管

2.7　処分

▶「処分」は人手をまったく要さない「処分」、処分に至るまでの諸操作および作業。

2.8　放射性廃棄物の保管及び処分と地質の活用

▶「地層処分」に関わる地質学上の問題点等。

2.9　基準と機能

▶処分地の地質や水理地質以外の適・不適の要因として周辺の

地質との関連性などが検討対象に挙げられる。

地層処分を行う際、処分地の地質や水理だけが処分地の適・不適の要因ではない。周辺の地質も加えて判断材料にすべきであり、さらに社会的状況、処分の環境や経済に対する影響なども加えるべき。

3　地質

3.1　はじめに

▶地球上の岩石を以下の3.2、3.3、3.4と3つの大分類とした。

3.2　蒸発岩類

3.2.1　岩塩類

3.2.2　硬石膏

3.2.3　石膏

3.2.4　カリ岩塩

3.3　その他の堆積岩類

3.3.1　泥質岩

▶粘土から粘板岩、砂岩から礫岩など年代と粒度のすべてを包含。流動する地下水との関係、粘土などの泥質岩特有の水による溶解や吸着の性能、人工バリアとの関係、高温による影響、掘削による変化、等。

3.3.2　石灰岩質堆積岩

▶石灰岩および炭酸カルシウムを含む岩石の多くが対象。

3.3.3　砂質岩

▶3.3.1の泥質岩の中で空隙率の高いもの。

3.4　火成岩および変成岩

3.4.1　火成岩

▶火山岩と深成岩など重要性の高いものが対象。

高レベル放射性廃棄物の地層処分し得る岩体として深成岩と火山岩。このため 3.4 では、その重要性から主要な岩体として花崗岩（3.4.1.1）、斑れい岩（3.4.1.2）、玄武岩 (3.4.1.3)，凝灰岩（3.4.1.4）、変成岩 (片麻岩及び結晶片岩) (3.4.1.5）と5項目として評価している。

いずれも強度上の問題は少ないが火成岩特有の亀裂や節理と流通する地下水との関連性、および風化や変質への注意。

3.4.2　変成岩（片麻岩及び片岩）

▶重要性の高い片麻岩と片岩を挙げている。

楯状地ばかりでなく広大な岩体となっている地域もあり、高レベル放射性廃棄物の地層処分を行い得る地域としての重要性は高い。しかし岩体中の亀裂や片理などでの流通性のある地下水の挙動は要注意。

4　選択上の要因

4.1　地形

▶好ましい地形として穏やかな地質構造と輸送の便から緩傾斜地。

4.2　地質構造および地震

▶地殻の弱線等との関連性、過去の地震の歴史等。

4.3　地下の状況

4.3.1　処分の深度

▶輸送等の面から好ましい地層処分の深度は300～1500m。

4.3.2　岩体の規模

▶厚さと広さ。

4.3.3　岩石の密度、均一性等

▶主としてヨーロッパ等に多い岩塩などが対象。

4.3.4 上位の岩石及び基盤岩類

▶地層処分の母岩体上位および下位の岩石について。

4.4 地質構造

4.4.1 岩体の傾斜と走行

▶主に堆積岩類の地質構造の安定性。

4.4.2 断層と亀裂

▶岩体中の亀裂も断層も岩体の安定性と流動地下水の両面から。

4.4.3 ダイアピリズム

▶岩塩ドーム等で見られる衝上運動など。

4.5 岩体の物・化学上の特性

▶処分対象の岩体の性格。

4.5.1 透過性、空隙率、膨潤性

▶いずれも地下水の流動性が問題。

4.5.2 岩体中のガス及び流体の存在

▶処分の安全性だけでなく地下作業の安全。

4.5.3 岩体の物性

▶長期の処分の安全性と作業の安全性から安定した堅硬な岩石。

4.5.4 熱の影響

▶母岩の放射性廃棄物からの崩壊熱の影響。

4.5.5 岩質上の吸水性

▶天水や地下水と母岩の吸水性。

4.5.6 水による新たな鉱物の生成

▶石膏の生成など。

4.5.7 放射線の影響

4.6 水理

4.6.1 地表の水

▶処分が長期であり地表の水の動き、河川の流路変化など。

4.6.2 地下水

▶長期的にみたな地下水の流動の可能性予測。

4.7 将来の地殻変動

▶可能性ある地殻変動。

4.8 処分場の開発

▶処分場開発に伴う問題点など。

4.8.1 処分地及び周辺

4.8.2 処分の事前調査における試錐孔及び坑道の影響

4.8.3 処分前の試錐孔、トレンチ、坑道

4.8.4 掘削の廃石の処置

4.8.5 放射性廃棄物の輸送

4.8.6 環境保全

4.9 経済性と社会環境

4.9.1 有価資源

▶地層処分の掘削中に価値のある資源に遭遇した場合の処理。

4.9.3 処分地の人口密度

4.9.4 処分地の法律上の処理

4.9.5 処分地に既存の権利等

▶たとえば鉱業権等。

4.9.6　処分地への通路

▶処分への施設建設等の通路。

参照文献

関係者名：コンサルタント、助言者、オブザーバー、事務局

用語解説

5章

原子力発電の後始末と技術開発

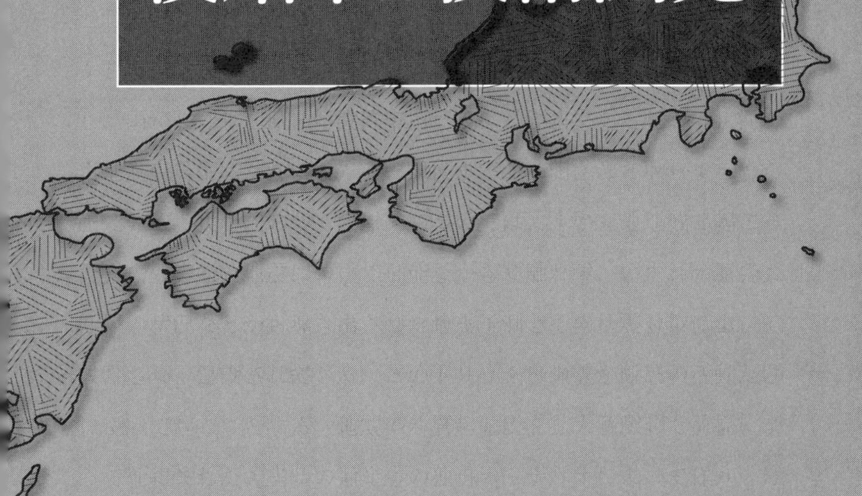

1）原発の安全審査の問題

「基準地震動」の耐震設計を上回る現実の地震

終章では原発と日本列島の現状を繰り返し確認しながら、原子力発電というものの責任の取り方、技術的課題などを取り上げていく。

ここでもう一度、日本列島の地震の多さを確認する。日本列島周辺で起こった地殻変動の指標としての地震の歴史を１章表３に見ると、マグニチュード７以上（以下M≧７と略記）と推測される大地震は、記録のある過去1600年あまりの間に180回起こっている。これらの大地震は本書１章表４、２章の表７で紹介したように我が国土のほとんどすべての地域で起こっている。さらにM≧８を上回ると推測される巨大地震は北海道から沖縄に至る太平洋沿岸地域で定常的に起こっており、上記の1600年あまりの間に27回が記録されているが、古い時代の記録の欠落などを考慮するとこの27回を大幅に上回る巨大地震が起こったと推察される。

巨大地震は太平洋沿岸部だけでなく広い範囲の各地域で起こっており、図13で見られるように数百キロ離れた地域でも強い揺れ、つまり振動が記録されている。我が国は正に地震大国である。

M≧７の地震が至近で起こった場合の地表が受けた影響の規模は、近年では2018年の熊本地震で明らかとなった。認められた地表での揺れが最大800ガルあまりの加速度を示しており、この激しい揺れが原子力施設に加わった場合を考えると慄然せざるを得ない。

かつての「原子力神話」の基になった原発の耐震設計に必要な地震の揺れの想定値、原発用とでもいえる独特の表現である「基準地震動」は、「断層」を「地殻変動」の中で大幅に拡大した考え方により想定されている。この考え方は現在においても変えられていない。この基準地震動は原子炉の設計だけに用いられている値ではなく、原子力発電システム全体のそれぞれの機器の耐震設計の基礎にも用いられている。この考え方に基づいて審査され、国の建設許可が下され、原発は建設され、稼動している。この現実のなかで、第２、第３の東電福島のような大事故の再来がないとはいえない。

東電福島の大事故では生活と経済が奪われ、回復不能な深刻な精神的被害を含め、長期にわたり極めて深刻な損害が生じている。既に述べたが、この大事故の発端となったのは「外部電源喪失」、単純に言えば原発の「停電」である。この停電は原発の安全性を根底から無力化している。我が国における原発の安全性の審査において原発自体の停電は、電力会社とその監督官庁である国によって「あり得ない事態」として、審査対象の問題にさえ取り上げられなかった。しかし現実は今や東電福島の事故により明白である。我が国で地震などの天災があれば、原発が停電することはあたりまえの事態である。

核燃料サイクル構想への妄執と破綻

1950年代、天然にはわずかにしか存在しないウランの使用を節約し、再利用するという核燃料サイクル構想の議論が海外の原子力発電先進国で盛んに語られていた。この時期には原子力発電技術の開発と並行して原子爆弾の開発競争も盛んで、この時期の原爆には二つの種類があり、ウランの同位元素の中で0.7％しか存在しないウラン235を90％台にまで高度に濃縮して核分裂させる原爆と、プルトニウム（Pu）を利用する原爆とがあった。新聞などの報道によると1945年の終戦直前に投下された二つの原爆のうち、広島ではウラン高濃縮型で、長崎ではPu型であった。ウラン235の高濃縮も、使用済み核燃料の再処理によって抽出されるPuも、高度の技術と多額の費用を要するが、原爆開発競争の結果、原爆は高濃縮型に集約されてPuを抽出する再処理工場は縮小されつつあった。この情勢の変化から再処理技術を再利用するために、Puを活用する「核燃料サイクル」構想が発生したことの一因にもなっている。「核燃料サイクル」は、使用済み核燃料の再処理によってウラン235と、核分裂によって発生したPuを回収し、再度、核燃料として使用し、これらの一連のサイクルを繰り返す。1950年代末には一部の国で再処理工場の再稼動が始まっていた。化石燃料となる地下資源に乏しい我が国では早速この考え方を取り入れ、核燃料サイクルの第一の工程である再処理工場の建設に取り掛かっている。しかしその後、ウランが希少な物質ではないことが明らかになり、核燃料サイクルのもう一つの重要な工程である高速増殖炉（FBR）の開発が難しく、多額の費用を要するなど、経済性の面でも疑問が多いことから、世界の大部分の国で核燃料サイクル構想を放棄する国が続出した。しかし我が国の原子力産業関係者のなかでは核燃サイクルへの未練が今に至っても捨てきれず、未だに構想は消滅していない。

核燃料サイクル構想は再処理の段階で躓き、FBRの技術も行き詰まっているにも拘わらず、いたずらに拘泥しているのが現状である。原子力発電そのものが衰退の道を辿ろうとしている現在、一刻も早く核燃料サイクルの妄想を捨て、現実を踏まえた使用済み核燃料の処分に即した原子力政策の変更が必要である。

2) 日本の原子力発電の「後始末」

敗戦からの復興に必要な電力と原発稼動

第二次世界大戦で大きな痛手を受けた我が国は、1945年の決着からほぼ10年となる1950年代後半、エネルギーの安定供給に利点が大きいものとして原子力発電を導入した。1950年代末はアメリカと当時のソ連との東西冷戦の最中にあたっている。同時に我が国では敗戦で疲弊した日本の産業が再生の機運に乗りつつある時期であり、電力需要は増加の一途を辿っていた時期でもあった。当時も電力供給は海外から輸入する化石燃料、石炭と石油による火力発電が主流であり、東西冷戦が冷戦で収まらなくなった場合の海上輸送の困難さが予想された。

1950年代末の我が国は電力の安定供給に不安のある時期であり、再生の萌しがみえていた産業が立往生しかねない恐れもあった。この状況下で、原子力発電の大きな利点を生かして大量で安定した電力の供給が可能となる原子力発電の導入には一理はあった。1950年代当時の保守政権は、日本列島の特質をあえて無視して原子力発電の導入を強引に押し進めた。しかし原子力発電の性格と日本列島が地殻変動帯に位置している日本列島の特質に留意した選択をすべきであった。

この日本列島の特質を無視したことが、2011年3月の東北地方太平洋沖地震を引金とする東電福島の大事故の遠因となり、現在の原子力発電衰退の道を辿る原因ともなっている。今にして思えばエネルギーの安定供給の確保だけを図った原子力発電の導入は失敗であったといわざるを得ない。初歩の地球科学をみても、日本列島が地球上のごく一部にしか認められない地殻変動帯にあることは否定しようのない事実である。本書の表3「日本列島周辺で起こった被害を伴う大地震の記録と頻度」ならびに図5「西暦2000年前後の140年間に日本列島周辺で起こった被害を伴う地震」を参照すれば明らかに理解できるが、これらの事実を踏まえて半世紀余の間に行われた原子力発電の後始末を考えなければならない。

原子力の負の遺産と問題解決の責務

我が国は既に数多くの原子力発電所を建設し、半世紀以上もわたって稼動させてきた。その結果として使用済み核燃料の山を抱えることになってしまっている。使用済み核燃料の山が片付かないのは、核燃料サイクル構想の破綻にも起因している。核燃料サイクルを実現することが不可能である現実から、使用済み核燃料はそのまま高レベル放射性廃棄物として直接処分する道しか残されていない。しかし日本列島、国内での高レベル放射性廃棄物処分が不可能であることは、本書で繰り返し述べてきた地震の頻発だけをみても理解できる。従って高レベル放射性廃棄物は当面のところ保管しておくより道がない。高レベル放射性廃棄物の処分問題は、現代の私たちが後代の人々へ残さざるを得ない負の遺産そのものである。
「後は野となれ山となれ」の諺にあるように、現在の利便性だけを考え後世の迷惑を顧みないことはまことに罪深いものといえる。しかし現実に山積している原子力発電の諸問題の後始末は、このままに自然に解決するものではなく、将来の長い間、関係者達を悩ますのは必定である。「立つ鳥跡を濁さず」の諺のような完全な処理は、この安定性を欠いた日本列島では不可能である。従って少しでも「立つ鳥」の諺に近付く、あるいは近づける方策を考えなければならない。

現在の我が国では当時者である電力も国も山積みにされた使用済み核燃料を見ながら、使用済み核燃料をいかに処置するかを真剣に検討しようとするわけでもなく、まして使用済み核燃料の直接処分の道もつけようともしていない。そればかりでなく高レベル放射性廃棄物の具体的な管理から処分への計画すらも立てられていないのが、我が国の原子力発電と原子力政策の現状である。この現状を打開する方策は原子力発電を取り巻くすべてを統括している国、つまり現在の経済産業省が解決しなければならない課題である。一方、見方を変えれば、質の高い電気の安定供給という恩恵の下に甘んじて生活している現代の私たち、つまりは電気の消費者全体が負わなければならない課題でもある。他人事ではなく、国と国民自身の双方が負う課題ということになる。

日本の原発の後始末に向けて

我が国では現在も「核燃料サイクル」構想は公式には消去されておらず、この他にも数々の原子力発電に関わる課題が残存している。これらの課題と共に、原子力発電は終息させなければならない。原子力発電の後始末という作業の主な課題は以下の通りである。

1）原子力発電の停止

地殻変動帯にある日本列島では、東電福島の大事故によって起ったさまざまな人災等を今後、再び起さないために、原子力発電は即時廃止しなければならない。

2）高レベル放射性廃棄物は処分でなく保管

百年間に数回もの大地震を国内で受けている日本列島では、高レベル放射性廃棄物の処分が可能な地域を得ることは到底不可能である。このため「処分」に代わる手段として「長期の保管」を行う。

3）特定廃棄物の管理

東電福島の大事故で飛散し回収され、各地で袋詰めされている放射性核種を含むゴミ、特定廃棄物の名で呼ばれている物質の処理を進める。

4）長寿命放射性核種の短寿命化技術の開発

国内で高レベル放射性廃棄物を処分することが不可能である日本列島では、いかなる困難があるとしても核分裂などの技術を活用しての長寿命核種の短寿命核種への転換あるいは消滅技術の開発に努める以外に道はない。この技術開発は経済性とは無関係に、いかに資金を要したとしても成功させなければならない。この技術開発が成功しない限り高レベル放射性廃棄物の長期保管はいつまでも続くこととなる。

日本列島の原発が今後、大きな地震に見舞われる可能性は十分にあり得る。この可能性の根拠は過去に日本列島で起こった地殻変動の歴史を見れば明らかである。さらに地殻変動に伴う各種の災害、津波、地盤の隆起や沈降などの地形の変化、異変に見舞われる可能性も同様である。その結果、原発が破損し大事故に発展してしまう可能性も否定できない。原発の大事故が社会に与える影響の大きさは、2011年３月の東電福島の事故が明白に示している。

原発の事故を未然に、かつ完全に防ぐ方策はなく、原発の稼動を停止し、熱源としている原子炉の廃炉にすることしか考えられない。巨額の建設費を無にし、電気エネルギー供給システムの破たんに結びつく原発の廃止は、社会的に大きな問題ではあるが、東電福島の大事故が及ぼした物質的、社会的損失の大きさ、精神的苦痛を比較すれば、自ずから答えは出るはずである。原発の廃止よりほかに方法はない。

原発の廃止とは、原発のすべてが放射性廃棄物となることを意味する。原子炉の多くの部分と周辺に配置されている使用前、および使用済みの核燃料も当然、高レベル放射性廃棄物である。「高レベル」以外の「中」または「低」の放射性廃棄物も原発の廃止に伴って発生するがこれらも管理され、処分されなければならない。原発廃止に伴う作業は、膨大な費用と数十年の年月を必要とするだろう。その間の人員、費用も莫大になるのは必定だが、将来に及ぼす損害と迷惑を少しでも軽減するために必要不可欠といえる。この作業は原発を稼行して利潤をあげてきた電力会社が責任をもって行う義務がある。処分される物質はそれぞれが放射性廃棄物の分類に従って管理され、処分されなければならない。しかし日本列島には高レベル放射性廃棄物の地層処分を行える地はない。したがって高レベル放射性物質は当面、原発内の施設で保管せざるを得ない。ただし、このままでは原発内の施設で期限なしの「保管」が続くことになる。

高レベル放射性廃棄物をどう処分するか。もし、長寿命核種の消滅、あるいは短寿命化技術が開発され、高レベル放射性廃棄物を低レベル放射性廃棄物、ないしは一般廃棄物に変えることができるなら、原発での使用済み核燃料の保管を無限に続ける必要はなくなる。

長寿命核種の短寿命化（核変換）技術の開発

1936年にO.ハーンとL.マイトナーが第二次世界大戦直前のドイツで核分裂現象を発見して以来、この現象は軍事や平和利用などの目的で大きく発展してきた。しかしいずれの研究・開発でも必ず放射性廃棄物が発生して、その処分は大きな課題となっている。核分裂によって新たに発生する核分裂生成物（FP）の多くが放射性核種であり、この中の放射性核種が長寿命の核種で、長期の人との隔離を必要とする物質である。

長寿命放射性核種の短寿命化技術への開発に対しては、化学的処理などと核分裂等を重ねるなどの方策によって核種の変換を行い、長寿命核種を短寿命化、或いは非放射性核種に変換しようというものである。この技術を高レベル放射性廃棄物の処分に活用しようと、多くの研究者がこの技術開発に努力してきた。しかし現在までこの試みはすべて、さらに長寿命核種を増やすことになるなど、失敗に終っている。

長寿命核種の消滅、或いは短寿命化技術の開発研究はわが国でも計画されている。高レベル放射性廃棄物に含まれる放射性核種の分別を行い、選別された核種それぞれに核変換をはじめとする各種の技術を駆使して、短寿命核種への変換などを試みようとする「オメガ計画」などがある。この計画は原子力委員会に1988（昭和63）年に立てられたが、その後は研究者も少なく2000年以降は公表された論文も少なく、研究の熱意もあまり感じられていない。長寿命核種の変換技術開発は、過去に海外諸国で試みられて、そのすべてが失敗に至っている。

こうした事実と経緯からみても核変換技術開発が容易なものではなく、長い年月を必要とすることであろう。百年、二百年、あるいはさらに長い年月がかかったとしても、また大きな費用を要したとしてもこの技術開発は後世の迷惑を考えずに原子力発電をこの国に導入し、稼動してしまった我が国が果たさなければならない責務である。この技術開発がもたらされない限り、高レベル放射性廃棄物の「保管」は続けられることになる。

原子力発電の後始末の最重要課題

近年では私を含む日本人の多くが原子力発電の本質を考えることもなしに、電気に支えられた日常の生活を送っている。個人の生活から産業に至るまですべての面で電気が便利に使えるシステムができあがってしまっている。そして電気がどのように作られているのかまでは考えを及さないのが当たり前になっており、電力に支えられた社会の中で原子力発電によって支えられている部分がどれだけあるのかまで、考えは及んでいない。2011年3月に起った東日本の大震災とこの地震を契機として起こった東京電力福島第一発電所での大事故では、日本全国の原発が操業を停止させられた。このために発生した電力の供給不足が記憶に残っている人も少なくない。

2011年の地震はマグニチュード9.0と推測される稀有の巨大地震ではあったが、この巨大地震に伴って発生した原発の心臓部である原子炉が溶融するに至るまでの事故の過程は、地震国日本では、ごく当然の過程を辿っている。東電福島の操業に必要とする電力を賄っていた外部からの電力が、地震の発生によって破断され、原発の地下に装備されていた非常用電源が津波に侵されて発電不能となった。つまり東電福島第一の原発システム全体が「停電」して、常時冷却が必要な原子炉と使用前および使用済み核燃料等で発生した崩壊熱等が蓄積されて、原子炉迄をも溶解するまでに高温となり、その周囲を溶融するまでになってしまい、事故後の原子炉は高温と強い放射線で近寄ることもできない有り様になった。溶融した物質の取り出しには多くの俊英達が知恵を絞っている。しかしこの事故の完全な回復が百年で終了できるという見通しも立っていない。

大地震後の事故の経緯を解析してみれば、地震国日本では、規模は大型ではあるがごくあたり前の経緯を辿っている。一言でいえば地震の発生は天災であり、事故の発生は原発への人知が及ばなかった結果といえる。しかし、この溶けた原子炉や核燃料等が取り出された後には、それら溶融物質の大部分は高レベル放射性廃棄物に分類されて、管理されることになる。

原子力発電の廃止

日本列島では天災を事前に予知することができないので天災に起因する原発の事故を未然に、かつ完全に防止することは不可能である。さらに原発事故では放射性物質の飛散などによる環境汚染を考慮しなければならない。原発の事故による有形無形の災害は2011年の事故で広く知られた通りである。また、原発の操業は高レベル放射性廃棄物の生産そのものであり、原発の操業は今後の高レベル放射性廃棄物の上積みを積み増すことに他ならない。高レベル放射性廃棄物の上積みに結びつく今後の原発の稼働は許されるべきでは

ない

近年、原発には「テロ対策施設」の設置が進められている。この施設が東電福島第一原発に導入されていて健全に機能を発揮していたならば、2011年の一連の事故は原子炉溶融などという事故までには至らず、最小限度に止めることができたはずである。日本列島ではテロの可能性、あるいはテロに遭遇するより高い可能性、確率で起り得る天災、巨大地震などに備えなければならない。

高レベル放射性廃棄物の管理

高レベル放射性廃棄物の管理は原発の廃止と共に緊急に解決しなければならない課題である。本書で繰り返し紹介してきた過去半世紀あまりの間に行われてきた原子力発電で発生した放射性廃棄物、中でも高レベル放射性廃棄物とされるものは、人が近づけば強烈な放射線障害を起しうる危険な廃棄物であり、既に各地の原発などで山積みされている。高レベル放射性廃棄物は10万年もの長い年月の間にわたって人間社会から隔離しておかなければならないとされている廃棄物であり、その長期にわたる期間、捨て放しにできる場所を日本国内に求めることはまったく不可能であると私は思っている。“電力屋”さんや関連するお役人たちは、地層処分すれば大丈夫であると言うが、この「大丈夫」は立場上の迎合と忖度の発言であり、心から「大丈夫」と信じ得る人はいまい。「10万年の高レベル放射性廃棄物を処分する場所は日本国内にはあり得ない」という前提から考え直すことが必要である。したがって、本書で紹介している高レベル放射性廃棄物は、当分の間は人が管理し、保管をしておくよりほかに道はない。しかし問題は誰がどこで管理し、保管するかである。

高レベル放射性廃棄物は近寄れば放射線障害の恐れがあり、かつ崩壊熱を発生するので常に冷却しておくことが必要で、冷却を怠れば2011年の東電福島の二の舞となることは明らかである。このように危険で厳重な管理を要する高レベル放射性廃棄物の保管は、原子力発電によって利潤を得てきた電力業界が行う以外は考えられない、そして保管の場所は発電を止めた原発以外は考え難い、と私は考えている。

原子力発電に関わる諸問題の中で最も重要な点は以下のＡからＣの3項目となる。

A）使用済み核燃料をはじめとする高レベル放射性廃棄物は、廃棄物を発生させた原発を撤去した跡地に、天災対策を十分考慮して建設された保管所で保管する。無限に近い長期間の保管が予想されるので次世代の保管も考えて代替保管所をも考慮する。この方式は原子力畑の一部では何度も話題となっており、伊勢神宮になぞらえて「遷宮方式」と呼ばれていた。

B）2011年東電福島の事故で飛散し回収された「特定廃棄物」とされているものは、分別施設を建設して明確に区分し、放射性廃棄物とすべきものは区分して、区分毎に必要な管理をし、放射性核種を含まない廃棄物は一般廃棄物として活用する。

C）核変換などによる高レベル放射性廃棄物の消滅技術の開発を進める。この技術開発は経済性には関係なく、全力を傾注して遂行しなければならない。この技術が開発されない限り、原発各所などでの高レベル放射性廃棄物の保管は無限に継続されることになる。

おわりに

本書を書いて改めて感じることは、現代日本の社会が放射性廃棄物処分への関心がほとんどないということである。放射性廃棄物問題だけでなく電力の供給についても、さらには我々の足元である地殻、地球内部についても関心がもたれていない。地球内部がどうなっているかについての研究では弾性波の性状などの物理上の現象等から間接的に推測されたものであり、確実なものと思われていることが甚だ曖昧で、未解決の課題がたいへん多いことでもある。地球内部がどのような構造になっているのか、構成物質が何であるか、よくある課題ではあるが、これらのいずれもが客観的なデータによる推測で構成された仮説である。

地球の構造や物質が想定されていたものと異なる現実であることが1万m、つまり深度10kmまで掘削された鉱山の開発などによって次々に覆された事実がいくつも認められている。今までに人が到達できた地殻深部はわずか10km余である。

地球を構成している岩石などの物質がどのようなものでできているのかについては、それぞれの物性によって異なる弾性波の伝播速度、屈折、反射などを解析した結果による推測であり、現実に確認した者は誰一人としていない。これらの推測は現代において地下資源探査に用いられている「弾性波探査」と同じ技術によっており、推測のいずれもがすべて地殻表層部に存在している岩石などの物性と同じものが存在すると仮想し、地震などの地殻変動の際に認められる現象を組み合わせて推測されたものに過ぎない。弾性波探査の精度には限度があり、高精度の探査とはいえない。地殻については、地球物理学の先覚者の一人で現在はクロアチア共和国となっているバルカン半島生まれの地球物理学者、A. モホロビチッチ氏が1909年に推測し、発表したモホロビチッチ不連続面の存在がある。地殻とマントルの境界に当たるとされるモホロビチッチ不連続面も地表で見られる岩石などの物性を根拠としたの推測であり、旧ソ連が1988年に北極海のコラ半島で行った深さ12㎞の深層ボーリングでは、７㎞にあるとされたこの不連続面は存在しなかった。

地球科学は未完成の分野であり、先入観を捨てて進めてゆかなければならない分野である。宇宙開発は華々しく世を騒がせるが、自分自身の足元である地殻と地球そのものをさらにさらに知ることが重要である。

2019年９月、東京電力の元経営陣３名の裁判があり、東京地方裁判所が無罪判決を下している。判決理由は、彼ら３名には2011年３月11日の大地震と大津波の襲来を予測することはできなかった、故にこの時の大事故には責任がない、とのことである。この判決理由を読むと、東京地裁の判事はどこの図書館でも見られる「理科年表」で年毎に改訂されている地震の記録ばかりか日本の歴史を読むこともできず、理解することもできない無能力者であったに違いない。

日本の古い歴史書である日本書記にすら、西暦416年に奈良盆地で大地震があったことの記載があり、以後、現在に至るまで多くの大地震が、中でも日本列島の太平洋沿岸ではたびたび、マグニチュード８以上の巨大地震と大津波が襲ってきたことが、多くの文書に明記されている。東京地裁などの裁判官が記録を読み歴史を理解できない無能力者とは考え難い。裁判官の後ろに電力全般を管轄し現在も管轄している経済産業省があり、さらにその後ろに1950年代から独占的に日本の舵を執っている政治集団があるが故に、このような判決が出たと考えざるを得ない。

恐ろしい時代ではあるが、人生のかなりの時を原子力畑で過ごしてきた者の一人として、せめてまともな原子力発電の後始末の筋道だけでもつけておきたいと、本書の執筆を思い立った。

現政権が目論んでいる原子力発電政策では、原子力発電の稼働中にも、稼動が終息した後始末においてでも、放射性核種を人の社会から隔離する方策、ことに高レベル放射性廃棄物の処分方策では数十年、あるいは数百年後には隔離が破れて放射性核種の漏洩が発生し、我が国特有の豊かな地下水の動きに乗って海に達する事態になろう。放射性核種による西太平洋の海洋汚染が発生するような事態は、現代に生きたものの一人として許される事態ではない。このような事態になり得る政策が執られてはならない。

本書の趣旨をたたき台として、正しい後始末への道が開かれることを願っている。

2023年４月

土井和巳

付録　用語解説

あ行

アルファ線（あるふぁせん）

アルファ線は放射線の一種。すべての放射性核種は原子核から粒子や電磁波を放出して放射性崩壊を重ねて別の核種に替わってゆく。放射性崩壊の一つであるアルファ崩壊では放出されるアルファ粒子の流れがアルファ線。アルファ粒子は２個の陽子と２個の中性子が結合したもので、これは原子番号２番のヘリウムの原子核と同じ。ヘリウムは原子量4.003の無味無臭で軽い気体の元素で、太陽での核融合に重要な関連性があるとみられている。一般に放射線は透過力が強いがアルファ線はこれが弱く、紙一枚でも透過できない。しかし、アルファ線を放出する核種の多くが長寿命で、人体の中にこれを取り込んでしまった場合は周囲に長期にわたって放射線を浴びせることになるため、種々の疾患の原因につながる可能性をもっている。

アルプス造山運動（あるぷすぞうざんうんどう）

アルプス造山運動は地質年代の中生代初期に始まり、次の第三紀中頃まで続いたとされている大規模な地殻変動。現在のヨーロッパアルプスはこれによって形成されたものとみられている。またこの大規模な地殻変動と同じ時期に起こったユーラシア大陸のヒマラヤ山脈、環太平洋地域では北米大陸のロッキー山脈、南米大陸のアンデス山脈なども一連のアルプス造山運動の一つであるとする考え方もある。

宇宙線（うちゅうせん）

宇宙空間で起こる星の崩壊過程の最終期などに放出される放射線。このほか、宇宙線が地球周辺を取り巻く空気などに反応して形成される放射線などの総称。地球表面に達している宇宙線にはアルファ線やガンマ線などがある。

ウラン（原子記号：U）

天然に存在する92種の最後の原子番号92番のウランは天然に存在している放射能を持つ元素の一つで、原子量234、235、238と３つの同位元素がある。天然にはこれらの同位元素の中でウラン238が99%あまりを占めており、いずれも放射能をもっている。ウラン238の半減期は44億年と長い。地殻中での存在量は種々の推測があるが20.3ppb などとされるものもあり、決して希少な元素ではない。同じ推測では、金属元素の中では29ppb のタングステンより少なく10ppb の水銀より多いとみられる。原子力発電に供される微濃縮ウランは天然ウランの中で約0.7%存在するウラン235を２～３%などに濃縮して核燃料としている。

か行

核燃料（かくねんりょう）

原子力発電所では原子炉の中で核燃料に中性子を当てて核分裂反応を起こし熱を発生させ、その熱で水蒸気を起こし発電している。核燃料は原子炉の型によって異なるが、その多くがウラン235を３％前後に微濃縮したウランを用いている。一部では使用済み核燃料から抽出したプルトニウム（Pu）も用いられており、Pu 併用の場合はプルサーマルなどの名称もある。

核燃料サイクル（かくねんりょうさいくる）

使用済み核燃料を再処理してウランとプルトニウムを抽出し、高速増殖炉などを用いて繰り返し原子力発電の燃料にしようと企画された手法。我が国では原子力発電の導入初期から核燃料サイクルを核燃料節約の切り札として推進してきた。この方式は当初、世界の多くの国が取り入れようとしていたが再処理、高速増殖炉の開発が困難で、かつ高額の費用を要することから大部分の国が撤退した。現在もこの方式を続けて残している国はフランス、ロシア、日本だけとなっている。我が国では核燃料サイクルの要となる青森県に建設した再処理工場は未だに稼働に至らず、福井県に建設した高速増殖炉開発が失敗、現在廃炉の途上にある。

核分裂（かくぶんれつ）

ドイツで放射性元素の研究を進めていたオットーハーンとリーゼ

マイトナーが、ウラン235に中性子を当てるとウランの原子核が核分裂を起こす現象を1936年に発見した。第２次世界大戦末期にアメリカがこの現象を軍事に利用し、開発した原子爆弾を我が国の広島と長崎に投下した。その後、核分裂現象を平和目的に活用しようとの気運が起こり、現在の原子力発電など原子力産業の発展が図られた。

核分裂生成物（かくぶんれつせいせいぶつ）

核分裂によって生成される物質の総称で、英名の Fission Product から略称はＦＰ。ＦＰには多くの核種が含まれているが、特に量が多く人体に有害となる可能性のある核種としてはヨウ素131、ストロンチウム90、セシウム137など。核分裂生成物は原子爆弾の爆発後に発生する「死の灰」と呼ばれている物質にほぼ同じ。

核変換・消滅（かくへんかん・しょうめつ）

核分裂現象などによって発生する高レベル放射性廃棄物などに含まれる長寿命核種を短寿命核種に変換しようという技術。核変換技術の開発は高レベル放射性廃棄物の処分を容易にする手段として期待されてきた。多くの研究者が多くの試みを行ってきたが、工程の中で返って高レベル放射性廃棄物を増やすなど、現在までそのすべてが失敗に帰している。一部の人たちは実用化は不可能とみている。

核融合（かくゆうごう）

軽い核種、たとえば原子番号１番・原子量１の水素などが融合してより重い、たとえば原子番号４番で原子量２のヘリウムなどにする現象が核融合。核融合を起こすには極めて高い温度と高い圧力が必要で、核融合現象が起こると強い光と大きな熱が放出される。太陽などの恒星が膨大な光と熱を放出しているのは恒星で核融合が起こっていると推測されている。核融合を一気に起こさせるのが水素爆弾であるが、これを発電に使うためには核融合を管理して反応させる核融合炉とその管理技術が必要になる。また核融合現象を起こさせる高温には核分裂が利用される。現代の原子力発電は核分裂による熱を利用しており、核融合による発電も期待されているが、核融合を管理する技術、核融合炉などでの高熱と高圧に耐える材料などの問題があり、現在のところ世界で成功した例はない。

花崗岩（かこうがん）

マグマが地下深部の高温高圧下でゆっくり冷却されて固化した深成岩、その中でも最も多いものが花崗岩である。我が国ばかりでなく世界的にも花崗岩は代表的な深成岩であり、日本列島では花崗岩が深成岩の大部分を占めている。深成岩の多くでは岩石を構成する鉱物の結晶が大きく、主要な構成鉱物である長石類などが自形の結晶として識別されることから結晶質岩（crystalline rock）とも呼ばれている。放射性廃棄物の処分候補地には結晶質岩の分布地域がよくあげられている。

花崗岩質混成岩（かこうがんしつこんせいがん）

花崗岩などを作るマグマが地下深部の高温高圧下で固化する際に、マグマが周辺の岩石と融合してできた双方の中間的な性格の変成岩。

火山砕屑物（かざんさいせきぶつ）

火山の噴火によって地表に出た物質の総称で、火山噴出物の中で噴煙などとともに空中に放出された物質が火山砕屑物。火山砕屑物の中で４mm 以下の最も細粒のものが火山灰、これ以上のものが火山弾などと名付けられている。

火成岩（かせいがん）

マグマが冷却されて固化した岩石の総称。マグマそのものの性格ばかりでなく冷却の状況と固化時の状況によってさまざまの性格の岩石が生れている。本書で登場する岩石には花崗岩などの深成岩と地表などで固結した火山岩などがある。

活火山（かつかざん）

近未来に噴火する可能性が高い火山に活火山の名があるが、公式の定義はない。我が国では過去１万年間に噴火した痕跡を持つ火山を中心に「活火山」の名称が使われている。2022年現在の日本列島で活火山とされているものは111カ所で、富士山なども含まれている。

カナダ楯状地（かなだたてじょうち）

ロシアに次いで世界で２番目の広さを持つカナダ全土のほぼ半分がカナダ楯状地とされている。ここでは先カンブリア時代の古い堅硬な岩石が平坦な露岩台地になっており、その大部分は中生代以降ほぼ６千万年あまりの間に地殻変動がほとんど無かったとみられている。楯状地では土壌が乏しく植物の生育が困難なことから、その大部分が不毛の地となっている。

ガル（Gal）

加速度のCGS単位。１Gal＝１㎝／ｓ^{2}。ガリレオ・ガリレイに因んだ単位名で、速度変化を起こす加速度の標準的単位となっている。広辞苑によれば「毎秒１㎝の割合での速度変化」と解説されている。

カリウム（原子記号：K）

原子番号19、原子量39のアルカリ金属元素で火成岩の構成鉱物である長石や雲母などに含まれており、地殻中に広く分布している。カリウムには原子量39のほか40、41の同位元素があり、カリウム40は放射性で半減期は18億年と長い。崩壊して原子番号18・原子量40のアルゴン40に替ることから年代測定「カリウム―

アルゴン法」に活用されている。

ガリウム（原子記号：Ga）

元素番号31、原子量69、白色の金属元素で原子量71の同位元素がある。化学的にはアルミニウムに近い。

岩塩（がんえん）

海水などの塩水が蒸発して形成される岩塩層は日本列島では認められないが、世界的には多くの地域で知られている。地質時代の古生代後半から中生代の堆積岩の中にはさまざまな形態の岩塩層が知られている。ヨーロッパ中部などでは巨大なドーム状の岩塩塊がいくつも知られており、岩塩は工業用や食用に採掘されている。岩塩の採掘跡は低湿で温度変化が少ないことから各種の貯蔵庫として活用されている。ドイツやアメリカでは岩塩層や岩塩ドームが放射性廃棄物の貯蔵や処分に用いられている。

岩石・圏（がんせき・けん）

「岩石」という名は現代の地質学などでは地球上層部を構成するすべての物質の名称とされており、石油などの液体までもが包含される。固体としての岩石は火成岩、堆積岩、変成岩に大きく３分類され、地殻を構成する岩石の多くは火成岩で占められている。放射性廃棄物などの地層処分は高い安定性のある堅硬な岩石の団塊中、つまり安定性の高い地域の地下水の乏しい岩石圏で行われることが望ましい。

ガンマ線（がんません）

放射線の一つで極めて波長の短い電磁波。性質はX線に近い。物質を透過する力が強いことから医療や工業など多くの方面で活用されている。

吸着（きゅうちゃく）

吸着とは異なる二つの物質が接した時に接触部分で双方が融合して双方の中間的なものになるという現象。木炭が水に溶けた物質を吸着する能力が高いことも吸着現象の一つであり、飲料水の浄化に利用されている。花崗岩などにわずかに含まれるウランが地下水に溶解されて、地下水の動きに伴われて石炭などの炭質物に出会って吸着されている現象は、我が国でも海外でもよく認められている。人形峠や東濃のウラン鉱床はその好例。

経済協力開発機構

（けいざいきょうりょくかいはつきこう／Organization for Economic Corporation and Development、略称：OECD）

先進工業国相互の経済政策などを調整するために1961年に設立された国際機関。年１回開催される閣僚理事会の下に経済、貿易、金融、開発、環境、科学技術、教育、原子力、食料などの分野毎に委員会が設置されている。本部はフランスのパリ。当初の加盟国は20カ国であったが我が国は1964年に加盟して現在の加盟国は30カ国以上となっている。OECD の下部機構として原子力機関（略称：OECD ／ NEA）がある。

原子・量（げんし・りょう）

原子とはすべての物質の根源となるものであり、物質を分解しつくして、その性質を損なわない限りの最小単位。天然の各原子の原子核を構成する陽子の数によって水素の１番からウランの92番までの原子番号が付けられている。また各元素の性質を18分類して表としたものが周期表または周期律表。従来は酸素の質量を16として各原子の質量を比較した数量を原子量としていたが、近年は炭素の原子量（＝質量）を12として同様の尺度で原子量が定められている。

原子記号（げんしきごう）

化学記号、元素記号など同義語。元素の種類を示す記号で酸素の「O」や水素の「H」など。

原子炉（げんしろ）

ウラン235やプルトニウムなどで起こる核分裂現象を制御しながら持続させる装置。天然ウランを燃料とするコールダーホール型やウラン235を微濃縮したものを燃料とする軽水炉（略称：LWR）などがある。現在、我が国など多くの国では軽水炉が多用されている。軽水炉には加圧水型（略称：PWR）と沸騰水型（略称：

BWR）がある。

原子力神話（げんしりょくしんわ）

我が国で原子力発電が導入された当初、原子力は発電ばかりでなく船舶や製鉄などにも使えるとの見方が持たれていた。原子力発電の安全性についてアメリカの物理学者、N．ラスムッセンが主査を務めてアメリカ原子力委員会（略称：USAEC）がまとめた報告書WASH1400で、「原子炉での事故の可能性はニューヨークのヤンキースタジアムに隕石が命中する確率並みに低い」と公表したことなどから、我が国では原子炉操業の安全性は絶対なものであると神話化した。しかしスリーマイル島（アメリカ：1979年）、チェルノブイリ（旧ソ連：1986年）、福島第一（日本・東京電力：2011年）などの事故でこの神話は崩壊した。

原子力発電・所（げんしりょくはつでん・しょ）

原子力発電は核分裂現象や核融合現象で発生する膨大なエネルギーを熱源として作られる水蒸気で行う発電システム。原子力発電所はこのシステムによる発電所であるが、水力や火力の発電所の機構に加えて放射性物質の環境汚染防止に必要な多くの施設を設けなければならない。また、原子力発電所の操業では発生する高レベル放射性廃棄物の処分などの問題を伴う。

玄武岩（げんぶがん）

細粒緻密で黒色の火山岩で火成岩の分類ではアルカリ性、流動性に富んでいる。火成岩の分類では二酸化珪素（SiO_2）がほぼ50%以上のものを酸性、以下のものをアルカリ性としているが、定量的な基準は研究者によって境界値が異なる。マグマが地上に放出され固化した火山岩には急速な冷却によって生じる板状、あるいは柱状の節理と呼ばれる亀裂が多い。玄武岩の柱状節理では兵庫県の玄武洞が著名で、岩石名もこの地名によっている。

降水量（こうすいりょう）

雨、雪、霰、霜など天水の量を水に換算して表したもので多くの場合㎜で表している。

黒鉛（こくえん）

黒鉛の名は石墨と同義語で純粋の炭素が固体化したもの。電気の良導体。原子力の世界では核分裂現象において高速で放出される中性子を減速させる減速材として用いられる。

国際海事機構（International Maritime Organization、略称：IMO）

国連の専門機関の一つで1958年に正式に発足した。海上交通の安全と海洋汚染防止を目的としており、各国の協力を求めるための組織で、放射性廃棄物の海洋処分に目をむけている。本部はイギリスのロンドン。

国際学術連合（International Conference of Scientific Union、略称：ICSU）

1931年に設立された非営利の国際学術機関。1998年に International Council of Scientific Unions（略称は以前と同じ ICSU）に改称された。日本は日本学術会議が加盟しており1999年から３年間は、日本学術会議の吉川弘之会長が ICSU 会長を務めた。本部はフランスのパリ。

国際原子力機関（International Atomic Energy Agenncy、略称：IAEA）

原子力の平和利用などを促進することを目的として、国連傘下の自治機関として1957年設立された。経済協力開発機構の原子力機関（OECD ／ NEA）との共同作業などに活躍している。本部はオーストリアのウィーン。

高速増殖炉（Fast Breeder Reactor、略称：FBR、こうそくぞうしょくろ）

核分裂現象で放出される高速の中性子を利用して、天然ウランの大部分を占めるウラン238をプルトニウム239に転換させる装置。装荷した核燃料よりプルトニウムなどを多く生みだす装置として研究開発が進められたが技術開発と経済性の両面で問題が多く、世界の趨勢は開発にも活用にも否定的。我が国では核燃料サイクルの要であるとして再処理とともにこの FBR を「もんじゅ」の名で福井県下に建設したが、トラブルが多く稼働は断念され目下廃炉の途上にある。

高レベル放射性廃棄物（こうれべるほうしゃせいはいきぶつ）

「高レベル放射性廃棄物」の定義はIAEAなどの概念によると「強い放射能をもつ使用済み核燃料、並びにこれに準ずる強い放射能を持つ放射性廃棄物」。現在の我が国では「使用済み核燃料の再処理廃液」だけが高レベル放射性廃棄物とされ、その他の放射性廃棄物はすべて低レベル放射性廃棄物と定義されている。我が国は使用済み核燃料はすべて核燃料サイクルに供するとされている。高レベル放射性廃棄物の処分については、使用済み核燃料を核燃料サイクルに供するかそのまま直接処分するかの議論に分かれており、いずれの場合も最終的には地層処分することになっている。

コールダーホール型原子炉（コールダーホールがたげんしろ）

1955年にイギリスで開発された原子炉。天然ウランを核燃料とする原子炉で原子炉の冷却とともに熱を取り出す冷却材に炭酸ガスを使い、核分裂で放出される高速の中性子を減速させ核分裂現象を制御するための減速材には黒鉛が使われている。我が国が1966年に導入した第一号の発電用原子炉はコールダーホール改良型AGR（Advanced Gas-cooled Reactor）であった。その後アメリカで開発・改良された軽水炉が経済的に優れているところから、AGRは1998年に稼働を止めて目下廃炉の途上にある。

さ行

再処理（さいしょり）

原子力の世界では再処理は FBR の開発とともに核燃料サイクルの二つの要とみられている。原子力発電所で燃料として使われた後の使用済み核燃料を細断して化学処理し、残存するウラン（U）と核分裂で生成されたプルトニウム（Pu）を抽出し回収する工程。回収されたUと Pu は再度核燃料として発電、あるいは軍需に供される。この工程でUと Pu を回収した後の廃液は高レベル放射性廃棄物として処分される。使用済み核燃料には核分裂生成物（FP）などの種々の放射性核種が大量に混然と含まれている。FP の中には強い放射能を持つものとともに長寿命の核種も多く、高レベル放射性廃棄物として原子力開発最大の問題点となっている。

使用済み核燃料（しようずみかくねんりょう、Spent Nuclear Fuel）

文字通り原子炉で核分裂させられて経済的に使用済みになった核燃料。近年、我が国の原子力発電所では核燃料は原子炉に装架後３～４年使用して新しいものに交換している。原子炉から取り出された使用済み核燃料は崩壊熱が高いため、暫定的に原子力発電所内の貯蔵プールで冷却保存される。我が国では使用済み核燃料はそのすべてを核燃料サイクルに供することになっているが、核燃料サイクルの第一工程である再処理工場が稼働できないため、使用済み核燃料は原子力発電所内や未完成の再処理工場などに山積みされている。

常陽（じょうよう）

核燃料サイクルの二つの主要工程である再処理と高速増殖炉（FBR）実用化に必要なデータ収集を目指して、茨城県大洗町に建設され1977年完成した実験用高速増殖炉。

人工元素（じんこうげんそ）

核分裂などによって人工的に創造された元素。天然に存在する元素は原子番号１番の水素から92番のウランまで92種あるが、1936年の核分裂現象発見以降は核分裂によって数々の人工元素が生まれており、原子番号93番のネプツニウム以後、現在も増加している。

水素爆発（すいそばくはつ）

従来「水素爆発」とは、核融合現象によって水素をヘリウムなどに核融合する際の膨大なエネルギーを利用した水素爆弾の爆発の意味に用いられていた。しかし昨今では、2011年の東電福島で起こった原子力発電所での水素と酸素の結合による原発建屋の爆発と、この爆発によって建屋内に閉じ込められていた各種の放射性核種が飛散してしまった事故に水素爆発の語が用いられている。この爆発は地震による原発の停電で、使用前および使用後の核燃料や原子炉などの冷却が不可能になったために発生した水素と、空気中の酸素が結合した爆発である。

褶曲（しゅうきょく）

地殻変動によって地殻中の岩石は変形するが、この際に波状の変形を起こした結果が褶曲である。海底などで水平に堆積し固化した堆積岩など縞状の地層が明瞭な岩石で褶曲はよく観察されるが、均質な火成岩などでは不明瞭。ヒマラヤの山々やヨーロッパ・アルプスなどは大規模な褶曲によって形成されたもの。激しい地殻変動帯に位置する我が国では、褶曲を受けていない堆積当時の水平な地層はむしろ稀で、強い褶曲や断層も多くの地域で数多く認められている。

ジルコニウム（原子記号：Zr）

原子番号40番、原子量91.22の金属元素で、多くの物質と化合しないことから工業製品に多用されている。天然のジルコニウムには原子量90、91、92、94、96の同位元素がある。珪酸塩鉱物で海岸の砂などの中に多い鉱物のジルコンのフランス語名からジルコニウムの元素名がつけられたという話がある。原子力産業などの工業製品に多用されている。

深成岩（しんせいがん）

地下深くの高温高圧下でマグマからゆっくり冷却されて固化した火成岩の総称。酸性の花崗岩、中性の閃緑岩、アルカリ性のはんれい岩などが代表的で、いずれも構成鉱物の結晶が比較的大きく、自形の結晶が識別できることから結晶質岩（crystallin rock）の異名もある。

ストロンチウム（原子記号：Sr）

原子番号38番、原子量87.62のアルカリ土類で天然のストロンチウムには84、86、87の同位元素がある。天然のストロンチウムは炭酸塩として透明な鉱物のストロンチアナイト（Strontianite、$SrCO_3$）として存在し、塩などのカルシウム鉱物中にわずかに含まれる。ストロンチウムは生物の骨などを作っているカルシウムに近い性質があり、核分裂によって発生する放射性同位元素のストロンチウム90は半減期28年で、人体に有害な核分裂生成物の代表的なものとして知られている。

セシウム（原子記号：Cs）

原子番号55番、原子量133のアルカリ金属。純粋のセシウムは銀白色で柔らかく、常温の空気中で酸化して燃焼する。水と激しく反応して水酸化セシウムとなり、この際に水素を発生する。核分裂によって発生する主要な放射性同位元素のセシウム137は半減期が30年で、人体に有害な核分裂生成物となっている。

セリウム（原子記号：Ce）

原子番号58番、原子量140の希土類元素で、鋼状で展性に富んだ金属。天然には Ce136、138、142の同位元素がある。種々の鉱物、特にモナズ石などに含まれており、地殻中でも比較的多い元素の一つ。

先カンブリア時代（せんカンブリアじだい）

今から５億４千万年前から地球誕生までの間を地質時代上の区分で先カンブリア時代としている。先カンブリア時代のうち５.４億年前から25億年前までの間を原生代（げんせいだい）、25億年より以前は始生代（しせいだい）と名付けている。地球誕生の時期については45億年あまりとする説などがあるが、日本地質学会が2015年に公表した国際年代層序表では、始生代を25億から40億年までの間としている。先カンブリア時代に形成されたと推定される岩石は世界各地で認められているが、これらの岩石はいずれも変成岩などの堅硬な岩石によって占められている。残念ながら日本列島には先カンブリア時代に形成したと確認された岩石はない。

た行

第三紀（だいさんき）

日本地質学会が2015年に公表した「地質年代層序表」（2015）によると第三紀は現代から260万年から6600万年前までの間とされている。この時代は日本列島が形成された時期であるとともに火山活動も盛んで、隆起や沈降などの地殻変動が頻発した時期でもあった。第三紀は古い順に古第三紀と新第三紀に区分され、古第三紀は暁新世（ぎょうしんせい）、始新世（ししんせい）、漸新世（ぜんしんせい）とさらに３分されている。新第三紀は中新世（ちゅうしんせい）と鮮新世（せんしんせい）と２区分されている。

第四紀（だいよんき）

日本地質学会が2015年に公表した「地質年代層序表」（2015）によると、この地質年代で最も新しい第四紀は現代の０年から260万年前の間とされている。さらに現代から１万２千年前の間を完新世、1.2万から260万年前までの間を更新世と２分している。第四紀では生物の歴史で人類の進化が著しく、日本列島においては地殻変動が活発で、第三紀に引き続いて火山の噴火も多数認められる。

堆積岩（たいせきがん）

岩石が風化などによって崩壊した岩片や火山噴出物などが地上や水中に堆積して固化した岩石の総称。堆積物の粒度による分類が一般的で、細粒から泥岩、砂岩、礫岩などと分類されている。また、石灰岩など生物の遺骸起源の岩石なども堆積岩に含まれている。

炭素（たんそ、原子記号：C）

原子番号６番、原子量12の非金属元素。有機物を構成する元素としても地球上に広く大量に存在している。天然には原子量12、13の同位元素があるが宇宙線による核反応によって窒素（N）から創造された原子量11、14、15などの放射性同位元素が知られている。原子量14の炭素は半減期5739年で減衰することから生物や植物の年代測定に活用されている。原子力畑では、純粋の炭素の黒鉛が、核分裂によって高速で放出される中性子の減速材として原子炉の制御などに用いられている。

断層（だんそう）

岩石に亀裂が生じ、これに沿って相互の位置がずれる動きを生じた現象が断層。多くの場合、断層周辺の岩石が破壊されて断層破砕帯が断層面に沿って形成される。断層で上位の岩石が下にずれたものが正断層、上にずれたものが逆断層、横にずれたものは横ずれ断層と呼ばれている。

地殻変動・帯（ちかくへんどう・たい）

地球内部からの力や地殻を構成する岩石間で生じた歪を直す運動の総称。地殻変動では褶曲や隆起・沈降、火山の噴火などがあり、これらの運動が起こると多くの場合に地震や断層が発生する。地殻変動は帯状に連続する傾向があり、地殻変動帯の活動の状況は地震の頻度などでも推測されている。太平洋を取り巻く南北アメリカ大陸西岸、北太平洋、日本列島東岸の西太平洋地域から南太平洋地域などは代表的な地殻変動帯。

地下水（ちかすい）

地殻内に滞留したり流動している水の総称。地殻を構成する岩石の中の空隙や亀裂、堆積岩の層間などは主要な地下水の滞留や流動する所となっている。日本列島では降水量が多いところから天水を起源とする地下水が豊富で、多くの地域で豊富な地下水が得られる。また、地下開発や大規模な土木工事、トンネルの掘削などが行われる際には、事前に岩石中の亀裂や破砕帯などの調査とともに地下水の調査が行なわれることが通例となっている。

地球科学（ちきゅうかがく）

地球についての調査や研究を行う科学の総称。大きく分けて地質、地球物理、地球化学、地震などの分野がある。

地質時代（ちしつじだい）

地質年代と同義語。地質時代の区分と名称には日本地質学会が2015年に編集・公表している「国際年代層序表」が現在の標準的なものといえる。この表では地球の誕生を46億年以前として、本書の用語解説「地質年代」に紹介している区分と名称が示されている。各年代および名称には研究者間での異論は少なくない。

中間貯蔵（ちゅうかんちょぞう）

原子力発電で核分裂させた後の使用済み核燃料は、原子炉から取り出し後の崩壊熱が強い数十カ月間は炉の近辺に設けられたプールなどで冷却した後に、処分されることになっている。しかしこの処分は容易に整えられるものではないので、多くの原子力発電所では処分が可能になるまでの間の使用済み核燃料の保管のことを「中間保蔵」と呼んでいる。我が国は使用済み核燃料のすべてを核燃料サイクルに供することにしているので、原子炉から取出された使用済み核燃料は逐次再処理工場に送り込むことになっている。このため我が国では中間貯蔵というものは考えられてはおらず、その施設もない。世界で唯一の使用済み核燃料の管理システムが整いつつあるスウェーデンでは、バルト海に面したオスカシャム原子力発電所の隣接地の地下数十mに設けられた中間貯蔵施設、「クラブ」に使用済み核燃料が集められている。そして同地に建設が予定されている地層処分場の完成を待っている。

中性子（ちゅうせいし）

中性子は陽子とともに原子核を構成する重要な素粒子である。中性子はその温度と速度によって異なった性格をもっている。我が国の原子力発電で多く用いられている軽水炉では、ウラン235と衝突して核分裂を起こさせる中性子は、低速のものが用いられている。

中生代（ちゅうせいだい）

現代から6600万年前から２億5220万年前の間を中生代としている。地殻上では比較的平穏な時期で、恐竜などが栄えていたことが知られている。中生代は大きく３分されており、古い時代から三畳紀、ジュラ紀、白亜紀とされている。日本列島では中生代の堆積岩は比較的少ないが、現代に地表に出ている白亜紀に形成された火成岩の花崗岩は全国各地で知られている。

超ウラン元素・核種（ちょううらんげんそ・かくしゅ）

天然の元素の中で最も陽子数、つまり原子量が大きいウランは、天然の元素の最後の原子番号である92番が付けられている。この92番より多い原子番号を付けられている、つまり核分裂によって創造された、つまり天然には存在しない人工元素の総称が超ウラン元素で、近年では続々と誕生している。たとえば核分裂で発生する原子番号94番のプルトニウムなどが超ウラン元素である。天然の元素にも超ウラン元素にも同位元素があり、その多くには放射性核種がある。「核種」を区別するためにその質量を添えて、ウラン235などと表現している。

長寿命・核種（ちょうじゅみょう・かくしゅ）

放射性核種はすべて生成時に最大の放射能をもっており、すべての核種の放射能は急速に放物線状に減衰する。このため各種の放射性核種の寿命を表す方法として、生成時の最大の放射能の半分となる時までの間の「半減期」を用いる。半減期には、ことに長いウラン238の44.7億年などから数秒のものなどさまざまのものがある。

貯蔵（ちょぞう）

原子力畑で「貯蔵」の語は、使用済み核燃料の中間貯蔵の同義語として用いられている。広く知られているように使用済み核燃料など高レベル放射性廃棄物の処分が容易でないため、中間貯蔵をして人の管理下で保管しておき、処分の方途ができた時点で処分する方策が大方の考え方を占めている。近年では捨て放しの「処分」には問題が多いことから、長期の中間貯蔵の間に、関連する諸問題を解決した上で処分する考え方が多い。百年単位での中間貯蔵を必要とする意見も少なくない。

低レベル放射性廃棄物（ていれべるほうしゃせいはいきぶつ）

放射能の低い放射性廃棄物であり、また放射能が低いだけでなく含まれる放射性核種の多くが短寿命核種である放射性廃棄物。長寿命の核種を含む放射性廃棄物はその多くがアルファ線を放出する核種を含んでいるところからアルファ廃棄物、あるいはTRU廃棄物などの名で区分されている。多くの場合アルファ廃棄物は高レベル放射性廃棄物に準じて管理されるが、我が国ではこの区分値すらも規定されていない。

TRU核種（ティーアールユーかくしゅ）

超ウラン元素とほぼ同義で、天然に存在する元素の最後の原子番号92のウラン以降の原子番号がつけられた、93番のネプツニウムなど核分裂によって生まれた放射性人工元素の総称。TRU核種を含む放射性廃棄物がTRU廃棄物。

天然ウラン（てんねんうらん）

ウランは1936年に核分裂現象が発見されてにわかに脚光を浴び

ることになったが、地殻上では決して希少な元素ではない。現在、我が国で原子力発電に用いられている核燃料のウランは、天然のウランの中に平均して0.7％しか含まれていない同位元素のウラン235を用いている。原子炉の型によっても多少異なるが、３％前後に微濃縮したウランが供されている。ウランは海水に平均で３ppb 程度が含まれるとされ、日本国内の河川などでは0.00〜0.05ppb 程度のウランが含まれているが、地域や地点によって大きな相違が認められている（１ppb は10億分の１）。

同位元素（どういげんそ）

同位体と同義。原子番号も同じであるが原子量が異なる元素。例として水素の場合は同位体は３つあるが原子量１の「水素」のほかに、原子量２の「重水素」、原子量３の「トリチウム」がある。ウランには３つの同位元素があり原子量234、235、238で、天然のウランでは234が0.0055％、235が0.72％、238が99.275％。

な行

ニオブ（原子記号：Nb）

原子番号41、原子量92の灰白色の金属元素で酸にもアルカリにも容易に溶解しない。融点は2470度と高く、電子部品などに利用されている。

年代測定（ねんだいそくてい）

岩石の形成年代を推測する手法。対象岩石に含まれる放射性核種の半減期と対照してその形成年代を推測する技術。また岩石を構成する石英や雲母などの鉱物で放射線が通過した後の痕跡を利用する手法なども、形成年代推測に用いられている。

バルト楯状地（ばるとたてじょうち）

ヨーロッパ北部のスカンディナビア半島と大陸との間に広がるバルト海を中心に、バルト海に面したノルウェー南部、スウェーデン東部、フィンランド西部などには、前カンブリア時代の古い堅硬な岩石が広く露岩となった地域が分布し、バルト楯状地の名で知られている。バルト楯状地は５億余年前の先カンブリア時代に形成され、後の古生代から現代に至る５～６億年の間における地殻変動の痕跡が極めて少なく、長期にわたっての安定性が保たれている地域と見られている。

半減期（はんげんき）

すべての放射性核種は発生時に最大の放射能をもっているが発生後急速に減衰し放物線状に減衰して極めて緩やかにゼロに近づいてゆく。このため放射性核種が放射能をもっている期間、つまり放射性核種の寿命で、当初の最大値の半分にまで減衰するまでの時間を半減期として表現している。半減期の長いものではウラン238の44億年があり、短いものではロジウム106の36秒など。

砒素（ひそ、原子記号：As）

原子番号33、原子量74で多くは鉄や銅とともに硫化物として硫比鉄鉱や硫砒銅鉱として地下資源となっている。化学的性質は燐に近い性質で各種の化合物となる。人体には猛毒。

腐食生成物（ふしょくせいせいぶつ、略称：CP）

腐食生成物の語は鉄などの金属が酸化した「錆」であるが、原子力畑では原子炉の中などでこの錆に中性子が当たって放射化されたものを放射性腐食生成物としている。鉄のほかマンガンやコバルトなどの酸化物が放射化されたものを放射性腐食生成物と呼んでいる。また、原子力畑では放射性腐食生成物の英語名 radioactive corrosion product から略して CP と呼ぶことが多い。

プルトニウム（原子記号：Pu）

プルトニウムは原子番号94、原子量244などでアクチノイドの人工元素の一つとして1940年に原子炉でウラン238の核分裂によって誕生している。銀白色の金属で原子量239、241などいくつもの同位元素がある。原子力発電でおこなわれる核分裂に伴って発生する。粉末が人体に入りやすくかつ長寿命核種であるため危険視されている。用途は微濃縮のウランと併せて核燃料に加えられるいわゆるプルサーマルのほかは、1945年にアメリカによって長崎に投下されたプルトニウム爆弾などの軍需用。

プルトアクチニウム（原子記号：Pa）

原子番号91、原子量231、234などの同位元素がある天然の放射性元素の一つ。天然にはウランの放射性崩壊過程でPa234となるためウラン鉱床中に微量が認められている。Paは核分裂を発見したO．ハーン、L．マイトナーらが1917年に発見している。

米国科学アカデミー（National Academy of Science、略称：NAS）

アメリカ合衆国の学術機関で科学、技術、医学の分野で活動する人たちの集まりで民間の非営利団体。機関誌は米国科学アカデミー紀要（Proceedings of the NAS of USA）。

米国学術研究会議（National Research Council、略称：NEC）

民間の非営利団体である米国科学アカデミー（National Academy of Sciences）傘下の政策調査機関の一つで、これも民間の非営利団体。

崩壊熱（ほうかいねつ）

放射性核種が放射線を出して他の物質に替わってゆく「崩壊」の際に発生する熱が崩壊熱。原子力発電では原子炉の運転において核燃料中のウラン235などを核分裂させた際の熱を利用して発電を行っている。原子炉の稼働を停止した後も、使用済み核燃料ばかりでなく炉内で放射化された物質などが放射線を出し続け、崩壊熱を発生させる。所定の年月を終えて原子炉から取り出した使用済み核燃料は強い放射線を出し続け、崩壊熱の発生は続く。

放射性核種（ほうしゃせいかくしゅ）

放射能を持つ核種の総称。天然に存在する元素の中にも放射性の同位元素を持つ元素があり、放射性核種は元素名とともに原子量に併せて炭素14、ウラン235などと表現する。

放射性同位元素（ほうしゃせいどういげんそ）

ラジオアイソトープと同義。92種ある天然の元素の多くが同位体をもっているが、その一部に放射性のものがあり、また原子炉で生まれる放射性の同位元素も現今では少なくない。しかし通常は天然に存在する元素の、放射能を持つ同位体に放射性同位体の名が用いられている。原子炉で創造される放射性同位元素のコバルト60などは計測や医療などの分野で活用されている。

放射性廃棄物管理（ほうしゃせいはいきぶつかんり）

原子力発電を行ったことなどに伴って発生する放射性廃棄物の処理から処分までの一連の作業を安全に行う管理。高レベル放射性廃棄物など処分後の事態まで考慮を必要とする長期にわたる作業も放射性廃棄物管理に包含される。英語では Radioactive Waste Management。

放射性物質（ほうしゃせいぶっしつ）

放射能を持つ核種を含む物質の総称。放射性核種には天然のものも人工のものも含まれる。

放射線（ほうしゃせん）

放射性核種が崩壊する際に放出する粒子線や電磁波の総称。粒子線といえるアルファ線やベータ線、電磁波のガンマ線などの放射線のほかに、宇宙線なども放射線に含まれる。

放射能（ほうしゃのう）

特定の物質から自発的に放射線を放出する現象。天然に存在する核種が持つ放射能は自然放射能で、人工核種が持つ放射能を人工放射能という。放射能の強さは単位時間に放出される粒子等の数で表し、単位はキュリー（Ci）。

ボーリング

地下の岩石の存在状況や性質を調査するために、直径３～10㎝程度の小孔を掘削して試料採取などを行う地質調査法。深さは数mから１千m以上のものまである。近年ではＴＶカメラの発達によって孔中にカメラを入れての調査にもよく用いられている。

ま行

マグニチュード

英語の magnitude は大きさや規模の意であるが、地球科学の分野では地震の規模を示す単位として「M」の略号によって使われている。地震の震源におけるエネルギーの大きさを示している。

マグマ

岩石が高温で溶融状況にあって流動性のあるものをマグマと呼んでいる。マグマは二つの形態があり、地下にあって高い流動性を持つ形態のものと、火山の噴火で地上に出てからもなお流動性をもって低地に向かって流れるものがある。

モリブデン（原子記号：Mo）

原子番号42、原子量95の銀白色の金属元素。鋼に加えて高速度鋼や刃物などに用いられている。

もんじゅ

知恵を司る仏の菩薩様の名前「文殊」から名付けられた高速増殖炉原型炉である。福井県下に建設された「もんじゅ」は冷却材とされる液体金属のナトリウムに関わるトラブルが続発してこの開発は失敗となり、目下、廃炉の途上にある。我が国が目論む核燃料サイクルの根幹の工程の一つで、青森県下に建設中の再処理を行う工場が躓いていることとともに、我が国の核燃料サイクル計画は事実上、失敗と見ざるを得ない。

や行

溶結凝灰岩（ようけつぎょうかいがん）

火山の噴火・爆発で空中に放出された火山砕屑物が地上に堆積して、自身が持つ熱などによって再溶融し、冷却、固化した凝灰岩の一種。多くの場合、火山砕屑物の粒度は空中放出時の急冷や再加熱・再冷却による不均質な部分が多く、亀裂なども多い岩石になる。火山が多い我が国など環太平洋地域に多く認められる。

ら行

ルテニウム（原子記号：Ru）

原子番号44、原子量101の銀白色の堅く脆い白金族の元素。天然にはきわめて稀な元素で触媒などに用いられている。

ロンドン条約（London Convention 1972）

正式の和名は「1972年の廃棄物その他の物の投棄による海洋汚染の防止に関する条約」（Convention on the Provention of Marine Pollution by Dumping of Wastes and Other Matter 1972）。この条約はあらゆる廃棄物による海洋汚染を防止することを目的としたもので、国際海事機構（略称：IMO）総会で1972年に採択された。我が国はこの条約を1980年に批准している。

高レベル放射性廃棄物
ポイと捨てるか、ガッチリ格納するか
鍵は地球科学

●著者

土井和巳（どい・かずみ）

技術士、工学博士。原子力に関わる地質学的調査と検討。
原子燃料公社から動力炉・核燃料開発事業団に30余年所属。
地下資源探査、原子力施設の基盤調査などのため全国各地の地質調査、北米地域などを踏査。
また、OECD/NEAが主催する放射性廃棄物管理委員会の委員を務め、欧米の放射性廃棄物処分候補地を実見。

1953年、東京教育大学（現筑波大学）理学部地質鉱物学科卒業。
1957年、発足後間もない原子燃料公社に奉職。
1957～1990年、原子燃料公社／動力炉・核燃料開発事業団（主任研究員）。
1984～1986年、OECD/NEA放射性廃棄物管理委員会（略称RWMC）委員。
1990年以降、地質コンサルタント。
著書に『そこが知りたい放射性廃棄物』（日刊工業新聞社、1993年）、『日本列島では原発も「地層処分」も不可能という地質学的根拠』（合同出版、2014年）など。

原発と日本列島
原発拡大政策は間違っている！

本体価格……一八〇〇円
発行日……二〇二三年七月　一日　初版第一刷発行
　　　　　二〇二四年二月一〇日　初版第二刷発行
著　者……土井（どい）　和巳（かずみ）
編集人……杉原　修
発行人……柴田理加子
発行所……株式会社　五月（ごがつ）書房新社
　　　　　東京都中央区新富二―一一―二
　　　　　郵便番号　一〇四―〇〇四一
　　　　　電　話　〇三（六四五三）四四〇五
　　　　　ＦＡＸ　〇三（六四五三）四四〇六
　　　　　ＵＲＬ　www.gssinc.jp
編集／組版……株式会社　三月社
装　幀……今東淳雄
印刷／製本……モリモト印刷　株式会社

ISBN978-4-909542-56-4 C0036

米軍基地と環境汚染

ベトナム戦争、そして沖縄の基地汚染と環境管理

田中 修三 著

ベトナム戦争で使用された枯葉剤「エージェント・オレンジ」は沖縄の米軍基地から移送された。のみならず沖縄で開発・使用された疑いがある。「環境法の遵守」と「汚染者負担の原則」が適用されない在日米軍基地に未処理のままある〝高濃度の戦後〟。

四六判並製
1800円＋税

ISBN 978-4-909542-38-0 C0031

杉原千畝とスターリン

ユダヤ人をシベリア鉄道に乗せよ！ ソ連共産党の極秘決定とは？

石郷岡 建 著

スターリンと杉原千畝を結んだ見えざる一本の糸。イスラエル建国へつながるもう一つの史実！ 新たに発見された〈命のビザ〉をめぐるソ連共産党政治局の機密文書を糸口に、英独露各国の公文書を丁寧に読み解く。

Ａ５判並製
3500円＋税

ISBN 978-4-909542-43-4 C0022

かつてこの国には、こんな仕事をやってのけた日本人たちがいた！

アマゾンに鉄道を作る

大成建設秘録

電気がないから幸せだった。

風樹（かぜき）茂（しげる） 著

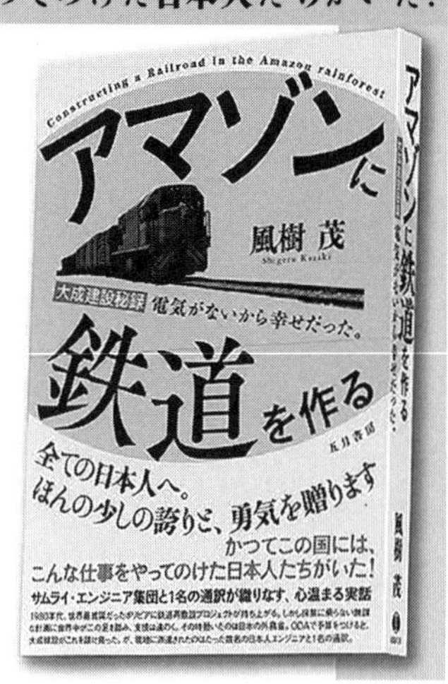

1980年代、世界最貧国ボリビアの鉄道再敷設プロジェクトに派遣された数名の日本人エンジニアと一名の通訳。200％のインフレ、週に一度の脱線事故、日本人上司と現地人労働者との軋轢のなか、アマゾンに鉄道を走らせようと苦闘する男たちの記録。

2000円＋税　四六判並製 352頁

ISBN 978-4-909542-46-5 C0033

GOGATSU
五月（ごがつ）書房新社
〒155-0033　東京都世田谷区代田1-22-6
☎ 03-6453-4405　FAX 03-6453-4406　www.gssinc.jp

「その専門家の意見は正しいですか？」

児童精神科医は子どもの味方か

米田倫康（のりやす）著

科学的な診断方法が確立されていない「発達障害」「精神疾患」について、専門家はあまりに安易な診断と処方を急ぎすぎていないか？　精神医療現場で起きている人権侵害の問題に取り組んできた著者が、緻密なデータを駆使して問題を分析。

四六判並製
2000円＋税

ISBN 978-4-909542-47-2 C0047

東京の景色に江戸の姿を重ね
数百年前を透かしみる

江戸東京透視図絵

跡部蛮 著　瀬知エリカ 画

港区元赤坂のショットバーで酒を酌み交わす勝海舟と坂本龍馬。吉原の見返り柳前の横断歩道をわたる駕籠舁き……。江戸の人びとを描いたイラストを現在の東京を撮った写真に重ね、歴史の古層を幻視する、これまでになかった街歩きガイドブック。

A５判並製
1900円＋税

ISBN 978-4-909542-25-0 C0025

新装版

文学のトリセツ

「桃太郎」で文学がわかる！

小林真大（まさひろ）著

構造主義批評・精神分析批評・マルクス主義批評・フェニズム批評・ポストコロニアル批評…。文学って、要するに何？
国際バカロレア教師が「桃太郎」を使って教える「初めての文学批評」。好評につき増刷出来！

A５判並製
1600円＋税

ISBN 978-4-909542-40-3 C0037

詩のトリセツ

詩を読むチカラを身につける！

小林真大（まさひろ）著

詩とは謎めいた神秘的な記号・文言ではない。本書を読めば詩はあなたの心にまっすぐ近づいてくる。こんな時代だからこそ現代詩を読もう。最も優しく格調高い現代詩の入門書。好評『文学のトリセツ』に続くシリーズ第2弾！

A５判並製
1600円＋税

ISBN 978-4-909542-35-9 C0037

GOGATSU 五月書房新社（ごがつ）
〒155-0033　東京都世田谷区代田1-22-6
☎ 03-6453-4405　FAX 03-6453-4406　www.gssinc.jp